U0341492

动力机械创意设计

主　编　胡秋萍　苏永兴
副主编　高　俊　杨善进

清華大學出版社
北　京

内 容 简 介

本书针对 4 ～ 12 岁儿童的学习特点,通过"试一试""想一想""新认知""探究生活"和"解密原理"等学习环节,由最简单的模型入手,联系丰富的生活案例,通过解密生活案例,引出技术原理;通过思维训练,让孩子学会利用机械原理设计自己的作品。除了孩子的自主学习,成人(包括教师和家长)的观察和引导也至关重要,本书通过"学习助力""学习引导"和"学习评价"环节,让指导者可以更加有效地陪伴和引导。

本书既是符合儿童思维特点和规律的学习手册,又是指导者的引导和评价指南,旨在激发孩子学习的主动性和探索性,并提高指导者的观察和引导能力,从而形成良好的师生或亲子关系,帮助孩子形成科学的思考习惯。本书所授内容与学校教育相得益彰,力求为孩子今后的学习之路奠基。

图书在版编目(CIP)数据

动力机械创意设计 / 胡秋萍,苏永兴主编. —北京:清华大学出版社,2021.11
ISBN 978-7-302-58072-0

Ⅰ.①动… Ⅱ.①胡… ②苏… Ⅲ.①动力机械—机械设计—少儿读物 Ⅳ.① TK05–49

中国版本图书馆 CIP 数据核字(2021)第 079268 号

责任编辑:贾小红
封面设计:秦 丽
版式设计:文森时代
责任校对:马军令
责任印制:杨 艳

出版发行:清华大学出版社
　　　　　网　　址:http://www.tup.com.cn,http://www.wqbook.com
　　　　　地　　址:北京清华大学学研大厦 A 座　　邮　编:100084
　　　　　社 总 机:010-62770175　　　　　　　邮　购:010-62786544
　　　　　投稿与读者服务:010-62776969,c-service@tup.tsinghua.edu.cn
　　　　　质 量 反 馈:010-62772015,zhiliang@tup.tsinghua.edu.cn
印 装 者:河北华商印刷有限公司
经　　销:全国新华书店
开　　本:170mm×230mm　　印　张:9.5　　插　页:2　　字　数:129 千字
版　　次:2022 年 1 月第 1 版　　　　　　　印　次:2022 年 1 月第 1 次印刷
定　　价:79.00 元

产品编号:090916-01

编写委员会

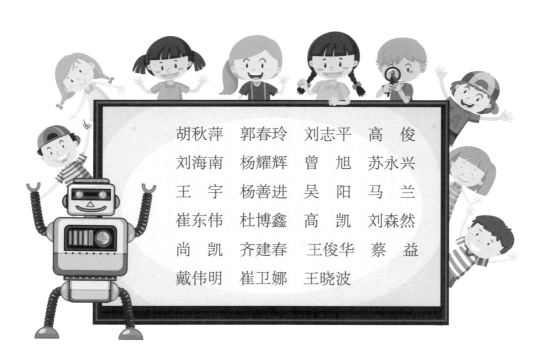

前言

国务院于 2017 年 7 月颁布的《新一代人工智能发展规划》要求"实施全民智能教育项目,在中小学设置人工智能相关课程"。在国家政策的推动下,人工智能教育在中小学中逐步落地生根。人工智能教育课程的主要目标是培养学生的人工智能思维方式与应用创新实践能力,将学生培养成为能够适应、使用、创造智能技术的优秀人才,为实现国家的科技跨越发展、产业优化升级与核心技术的自主创新贡献力量。可以说,我国能否抓住新一轮的科技革命和产业变革机遇,主要在于是否能够加快发展新一代人工智能技术,储备、培养青少年人工智能技术的拔尖创新人才。北京市朝阳区自 2018 年起积极布局人工智能教育,着手建设中小学人工智能教育课程体系,开发青少年人工智能技术教材等课程资源,为人工智能教育在朝阳区中小学中更好地普及推广并逐步形成地区教育特色奠定了基础。

实践证明,人工智能教育融合了信息技术、机械、电子、通信、控制、声、光、电、磁等多学科、多领域的知识。而人工智能创新与实践活动既能引导孩子独立思考,又可以让孩子通过动手、动脑,培养综合素质。孩子们通过亲手组装人工智能系统、检测调整传感器、编制和调试控制程序等工作,不仅综合知识水平得到了提高,动手能力、逻辑思维能力、综合应用能力、创新能力等也得到了全面的训练和提升。

人工智能教育对进行学科知识渗透、培养素质全面的创新型人才具有重要的作用。本书以机器人为学习载体,针对 4 ～ 12 岁儿童的学习特点,由最简单的模型入手,衍生出生活案例,并通过解密生活案例,引出技术原理，最终通过思维训练，让孩子学会利用机械原理设计出自己的作品。活动设计旨在通过促进孩子无限制探索和解决问题的活动，帮助他们构建自己的知识体系，实现联系、建构、反思和延续的过程，从而形成学习知识和积累知识的螺旋式发展。

本书的编写基于北京市朝阳区科技教师多年的教学经验和实践经验，参考了多部文献，并借鉴了专家的研究成果。本书由北京教育学院朝阳分院胡秋萍老师组织信息科技教师完成编写，并得到了朝阳教育研究中心郭春玲老师和朝阳分院蔡益老师的指导，图例及创作素材由深圳市童心网络有限公司提供。在此，向各位专家和教师表示感谢。

本书各章编写人员

第 1 章	胡秋萍、刘志平	第 7 章	苏永兴、王宇
第 2 章	高俊、刘海南	第 8 章	崔东伟、杜博鑫
第 3 章	杨耀辉、曾旭	第 9 章	高凯、刘森然
第 4 章	苏永兴、王宇	第 10 章	尚凯、齐建春
第 5 章	杨善进、吴阳	第 11 章	王俊华、郭春玲
第 6 章	杨善进、马兰		

由于本书编写人员的理论和实践水平有限，书中难免存在不足之处，希望广大读者批评指正。

作者

2021 年 12 月

第1课 妈妈的手机架 ……………………………………………… 1
　试一试 ……………………………………………………………… 1
　要点提示 …………………………………………………………… 2
　想一想 ……………………………………………………………… 2
　探究生活 …………………………………………………………… 2
　新认知 ……………………………………………………………… 3
　1.梁（连杆）和轴 ………………………………………………… 3
　2.连接销、轴套等连接器 ………………………………………… 4
　解密原理 …………………………………………………………… 5
　练一练 ……………………………………………………………… 6
　步骤 ………………………………………………………………… 7
　想一想 ……………………………………………………………… 9

第2课 走钢丝的秘密 …………………………………………… 11
　试一试 …………………………………………………………… 11
　要点提示 ………………………………………………………… 12
　想一想 …………………………………………………………… 13
　探究生活 ………………………………………………………… 13
　新认知 …………………………………………………………… 14
　重心与平衡 ……………………………………………………… 14
　解密原理 ………………………………………………………… 16
　练一练 …………………………………………………………… 16
　步骤 ……………………………………………………………… 17
　想一想 …………………………………………………………… 20

第3课 小齿轮大作用 …………………………………………… 22
　试一试 …………………………………………………………… 22
　要点提示 ………………………………………………………… 23
　想一想 …………………………………………………………… 23
　探究生活 ………………………………………………………… 24

新认知 ·· 25

解密原理 ······································· 26

练一练 ·· 26

新认知 ·· 27

马达和电池仓 ·································· 27

步骤 ··· 28

想一想 ·· 31

第 4 课　旋转的摩天轮 ··················· 33

试一试 ·· 33

要点提示 ······································· 34

想一想 ·· 34

探究生活 ······································· 34

新认知 ·· 35

解密原理 ······································· 37

练一练 ·· 38

步骤 ··· 38

想一想 ·· 40

第 5 课　四驱月球车 ····················· 42

试一试 ·· 42

要点提示 ······································· 43

想一想 ·· 43

探究生活 ······································· 44

新认知 ·· 44

解密原理 ······································· 45

练一练 ·· 46

步骤 ··· 47

想一想 ·· 50

第 6 课　可升降的叉车 ··················· 51

试一试 ·· 51

要点提示 ······································· 52

想一想 ……………………………………………… 53

探究生活 ………………………………………… 53

新认知 …………………………………………… 54

解密原理 ………………………………………… 55

练一练 …………………………………………… 55

步骤 ……………………………………………… 56

想一想 …………………………………………… 62

第 7 课　开合桥 …………………………………… **63**

试一试 …………………………………………… 63

要点提示 ………………………………………… 64

想一想 …………………………………………… 64

探究生活 ………………………………………… 65

新认知 …………………………………………… 65

解密原理 ………………………………………… 67

练一练 …………………………………………… 67

步骤 ……………………………………………… 68

想一想 …………………………………………… 71

第 8 课　能屈能伸的秘密 …………………………… **72**

试一试 …………………………………………… 72

要点提示 ………………………………………… 73

想一想 …………………………………………… 73

探究生活 ………………………………………… 74

新认知 …………………………………………… 74

杠杆 ……………………………………………… 74

剪叉机构 ………………………………………… 75

解密原理 ………………………………………… 76

练一练 …………………………………………… 77

步骤 ……………………………………………… 78

想一想 …………………………………………… 83

第 9 课　开屏的小孔雀 …………………………… **85**

试一试 …………………………………………… 85

要点提示 …………………………………………………… 86

想一想 ……………………………………………………… 86

探究生活 …………………………………………………… 87

新认知 ……………………………………………………… 87

曲柄滑块机构 ……………………………………………… 87

解密原理 …………………………………………………… 88

练一练 ……………………………………………………… 89

步骤 ………………………………………………………… 90

想一想 ……………………………………………………… 95

第 10 课　爷爷的三轮车 …………………………………… 97

试一试 ……………………………………………………… 97

要点提示 …………………………………………………… 98

想一想 ……………………………………………………… 99

要点提示 …………………………………………………… 99

探究生活 …………………………………………………… 101

新认知 ……………………………………………………… 101

解密原理 …………………………………………………… 102

练一练 ……………………………………………………… 103

要点提示 1 ………………………………………………… 103

要点提示 2 ………………………………………………… 104

步骤 ………………………………………………………… 105

想一想 ……………………………………………………… 109

第 11 课　"拔地而起"竞赛案例 ………………………… 111

背景描述 …………………………………………………… 111

场景描述 …………………………………………………… 112

任务解决方案 ……………………………………………… 113

机器人核心装置分析 ……………………………………… 114

拓展任务实现 ……………………………………………… 118

附录　家长指导手册 ……………………………………… 119

第 1 课 妈妈的手机架
——常见的零件

尝试利用零件，帮妈妈拼搭出一个可以横着放置手机的手机架。

扫描二维码，获取造型玩法演示与 3D 搭建步骤

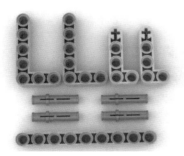

零件配比

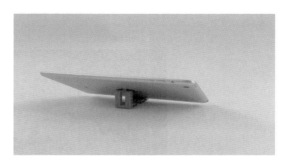

手机架

要点提示

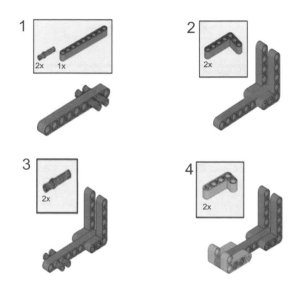

想一想

如何改进手机架，使手机竖着也能被稳定地放置？

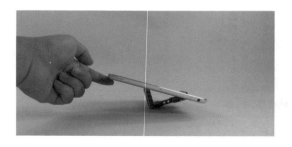

探究生活

试着用梁和销搭建一个三角形和一个四边形。比较三角形和四边形，哪个图形容易发生形变？哪个更稳定？

三角形　　　四边形

即便在外力推或拉的情况下，三角形结构亦能保持其自身的稳定。四边形不像三角形那样，它不是坚固的，在外力推拉的力度足够大的情况下就会变形，因此四边形是不稳定的结构。

打开材料包进行分类，每个积木零件都有自己的名字。

1. 梁（连杆）和轴

梁是最常用的零件之一，配合连接销加以固定，多用于搭建设计的主体结构，常以"孔"的数量命名。按照形状，梁分为凸点梁和圆梁，圆梁有时也被称为连杆。

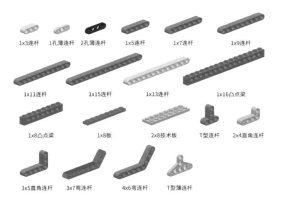

1x3连杆　1孔薄连杆　2孔薄连杆　1x5连杆　1x7连杆　1x9连杆

1x11连杆　　1x15连杆　　1x13连杆　　1x16凸点梁

1x8凸点梁　　1x8板　　2x8技术板　T型连杆　2x4直角连杆

3x5直角连杆　3x7弯连杆　4x6弯连杆　T型薄连杆

轴的横截面为十字形，可以和十字孔无缝连接。

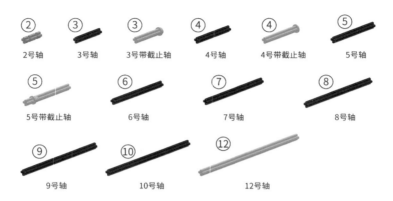

例如，"1*3连杆"指的是1排3孔的圆梁；"3号轴"指的是3孔长度的轴。

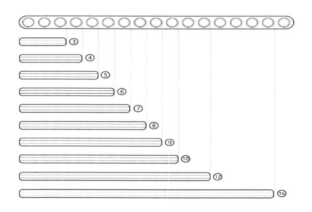

2. 连接销、轴套等连接器

连接销分为光滑销和摩擦销两种，多用于连杆、梁或其他零件的连接和固定。摩擦销比起光滑销，有更大的摩擦力，与梁的孔配合更紧密。轴和梁连接则需要用到轴套，材料包还提供了很多异形连接器，可以丰富我们的设计。

长正交联轴器　三角轴　正交连接器　1x2带轴孔连杆　长正交连接器　1号连接器　双分轴孔连接器

轴连接器　2号连接器　曲柄　6号连接器　销套　双轴孔连接器

在搭建前，要做好零件的准备工作。需要哪些零件？如何快速找到这些零件？因此，零件的分类就很重要了。在购买产品时，最好配备一个收纳盒，收纳盒里有很多小格子，方便分类使用。每次使用完零件，要拆解并分类存放，方便下一次使用，我们要养成好习惯。

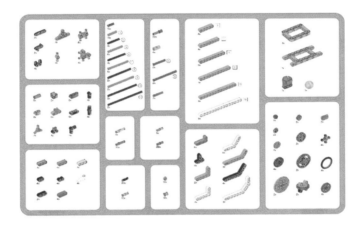

解密原理

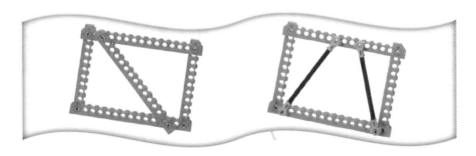

纵观周围的桥梁、塔式建筑和人形梯，都是典型的三角形结构，它们充分利用了三角形的稳定性。那么如何让四边形变得稳定呢？可在四边形上添加一个或多个边，使其内部组成"三角形"，就能使形状变得稳定了。

复杂的结构是由简单的结构组合而成的，组合能使结构变得更加牢固，更加稳定。在制作的时候，多进行尝试，就能找到最佳方案。

 练一练

下面我们就试着设计并搭建一款手机架吧。

设计思路：使用合适的零件搭建，合理利用三角形的稳定性，可参考生活中见过的手机架原型。

选择梁的长短时，要考虑底座接触面积的大小和手机架的高度。销的选择要根据转动和固定的不同需求。

扫描二维码，获取造型玩法演示与3D搭建步骤

步骤

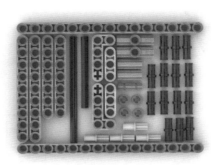

零件清单

步骤01：拼搭主框架，注意支撑接触面的摩擦力，选择带棱的连接器。

| 1 | 1x 2x | | 2 | 2x |

步骤02：拼搭支架。

| 3 | 2x | | 4 | 4x 1x 9 |

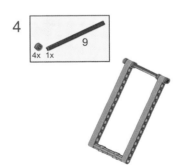

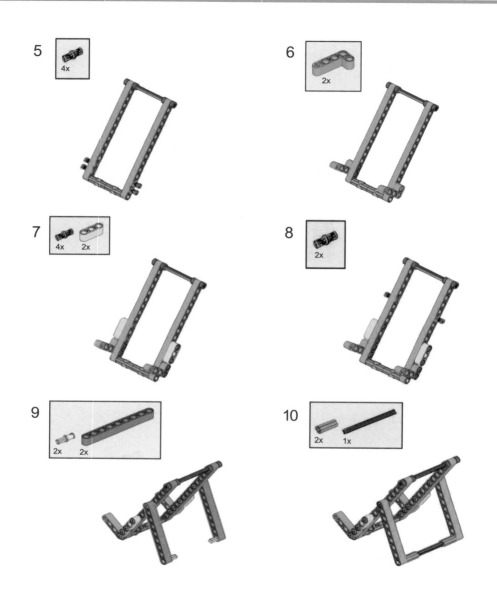

◆ **步骤03**：基础结构拼搭完成之后，我们将其来回活动一下。由于两个四边形通过销连接，不是很稳定，所以需要再设计固定的部分。

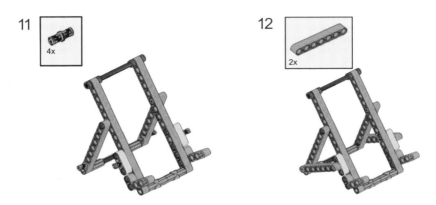

◆**步骤 04：**拼装各部分，根据手机的宽窄做好调整。

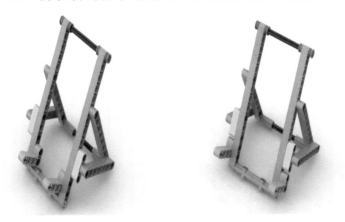

　　调试零件的紧松度和角度，放置手机进行测试，调整到合适、好用为止。手机架的稳定性与底座的高度和宽度有很大关系，相同高度的手机架，底座越大、越重，其稳定性就越好。

想一想

　　1. 你觉得手机架的稳定性和什么有关系？我们可以调节哪些部件的位置，让手机架更好用？

2. 利用材料包中的零件，根据三角形的稳固特点，试着搭建出功能更丰富的支架。

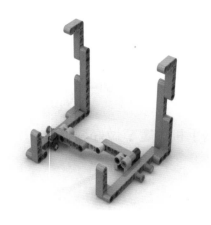

扫描二维码，获取
造型玩法演示与
3D 搭建步骤

可伸缩的 pad 支架

扫描二维码，获取
造型玩法演示与
3D 搭建步骤

沙滩躺椅

第 2 课　走钢丝的秘密

——重心与平衡

扫描二维码，获取造型玩法演示与3D 搭建步骤

试一试

尝试用所给的积木零件拼搭出平衡木模型.

零件配比

平衡木

要点提示

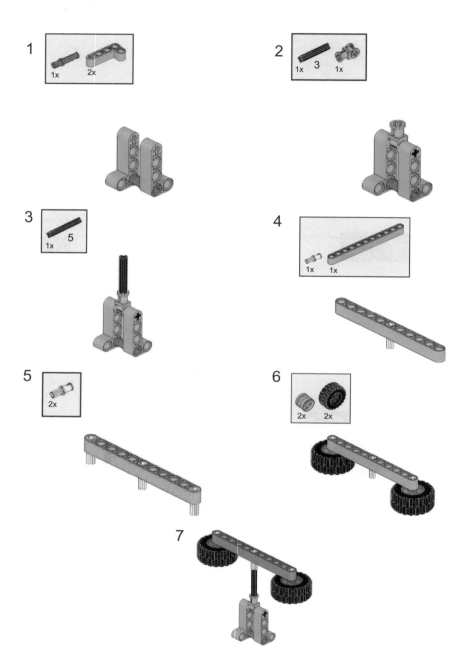

想一想

试着摆放下面几种平衡木，思考哪一种更容易摆放。

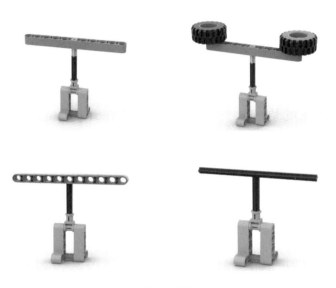

多样的平衡木

 探究生活

走钢丝时，表演者会张开双臂或手持一根长杆，这是为什么呢?

走钢丝

重心与平衡

一个物体的各部分都会受到重力的作用。从效果上看，我们可以认为物体各部分受到的重力作用于一点，这个点叫作物体的重心。

有规则形状的均匀物体，它的重心就在几何中心上。例如，均匀细直棒的重心在棒的中心点上。

规则形状

不规则物体的重心，可以用悬挂法来确定。它的重心，不一定都在物体上。重心的位置除跟物体的形状有关外，还跟物体内质量的分布有关。

不规则形状

不规则物体的重心不一定在物体上。例如，一块形状不规则的岩石。岩石放在地面上，受到重力和地面的支撑力，这两个力作用在一条线上，大小相等，方向相反，这种状态称为平衡状态。

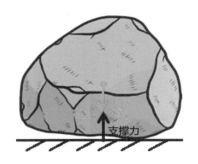

稳定摆放的岩石

　　若岩石的重心不变，但摆放形式发生了变化，重力与支撑力不再相等，那么此时岩石就不是平衡状态，容易翻滚。

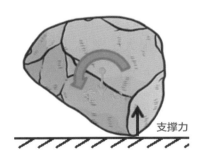

倾斜摆放的岩石

　　同一个物体以不同的姿势放置，重心的位置会不同。总之，重心越低，越稳定，越容易保持平衡。

重心低　　　　　重心高

重心与平衡

解密原理

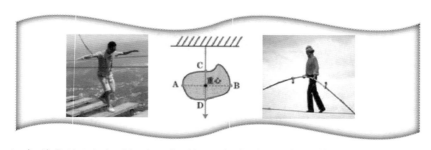

　　人拿着钢杆走钢丝时，杆的两头会在重力的作用下自然下坠，此时人和杆的形状大体上是个弓形，整体重心就会下降，更接近钢丝。如果钢杆很长，弓弯的程度很大，整体重心就可能在钢丝下面。因此，只要不乱动，人就不容易掉下来。

练一练

　　模仿走钢丝，设计一个天平模型。

　　设计思路：稳固的底座。把托盘与托盘架设计在模型的中下部，确保重心低。当天平左右重物的质量相等时，才能保持平衡。

扫描二维码，获取
造型玩法演示与
3D搭建步骤

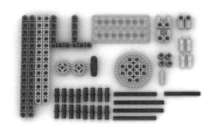

零件清单

◆ **步骤 01**：拼装天平底座支架。

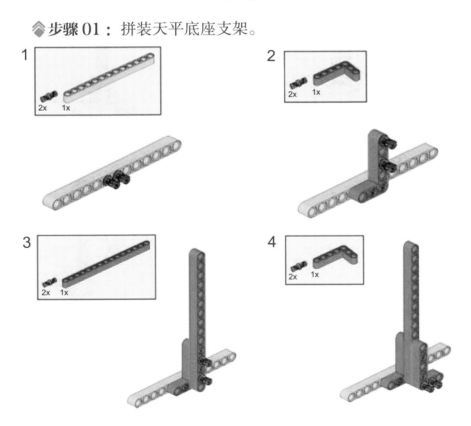

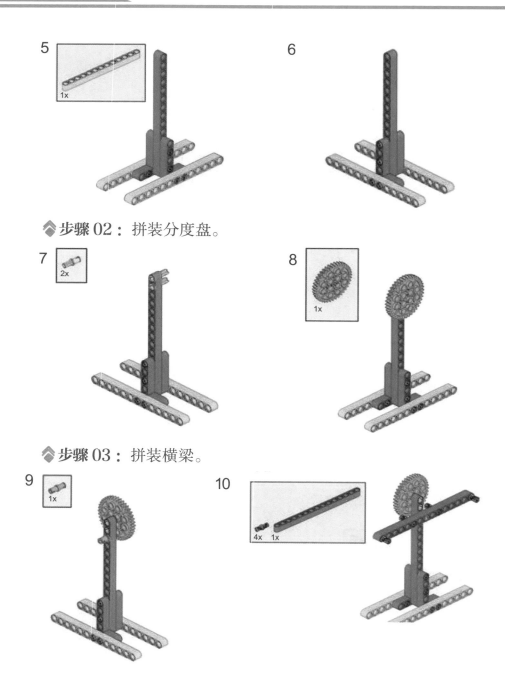

步骤02：拼装分度盘。

步骤03：拼装横梁。

步骤04：安装指针。

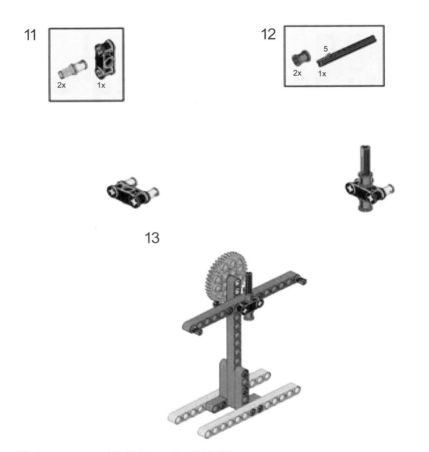

◆ **步骤** 05：拼装托盘与托盘架。

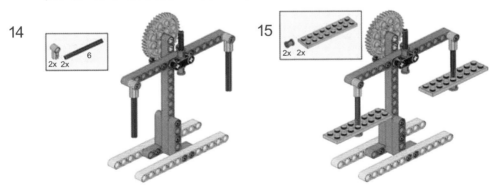

◆ **步骤** 06：拼装平衡螺母。

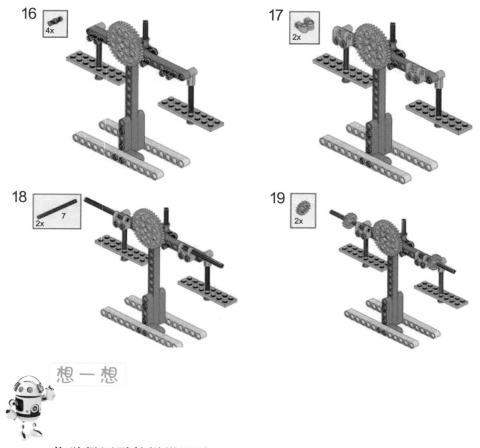

想一想

1. 你觉得用零件拼搭设计，应该注意的诀窍是什么？

2. 重心是设计模型时首先要考虑的因素，请试着拼装能够体现重心作用的其他模型。

旋转不倒翁

扫描二维码，获取
造型玩法演示与
3D 搭建步骤

跷跷板

扫描二维码，获取
造型玩法演示与
3D 搭建步骤

第3课　小齿轮大作用
——平面齿轮

试一试　尝试用所给的积木零件，拼搭一个手摇风扇。

扫描二维码，获取造型玩法演示与3D搭建步骤

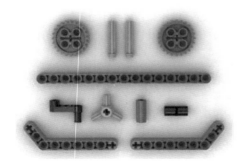

零件配比

手摇风扇

要点提示

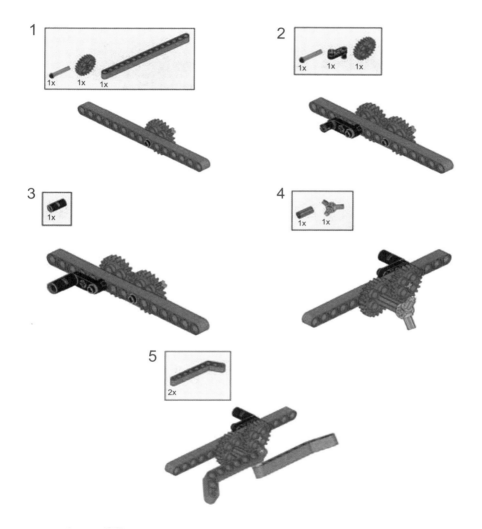

想一想

按照下图改装两种风扇，分别玩一玩这些风扇。
思考一下，如果手摇速度相同，哪个风扇转得更快？
风扇转动的速度和其齿轮组合有什么关系呢？

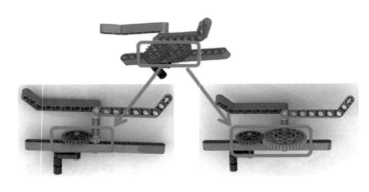

改装 -1 改装 -2

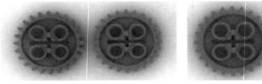
24 : 24

24 : 8

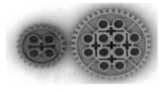
24 : 48

三组齿轮组合的对比图

探究生活

从钟表到汽车变速箱，它们的内部都有很多大大小小、各种各样的齿轮。那么，这些齿轮有什么作用呢？

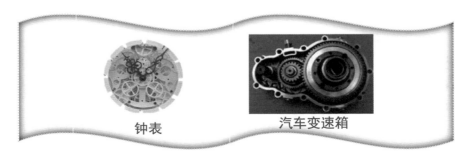

钟表 汽车变速箱

新认知

齿轮与传动比

齿轮是一种边缘带有齿的机械元件，齿轮整个圆周上的轮齿总数称为齿数。下图是在拼搭模型时常用到的几种齿轮。

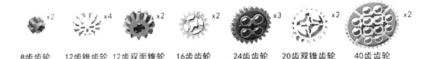

8齿齿轮　12齿锥齿轮　12齿双面锥轮　16齿齿轮　24齿齿轮　20齿双锥齿轮　40齿齿轮

齿轮可以用来传递动力，使用时至少需要两个齿轮相互配合。如图所示的齿轮组合，与手柄相连的24齿齿轮提供动力，我们叫它主动轮；另一个8齿齿轮不提供动力，我们叫它从动轮。齿轮传动的速度取决于传动比，齿轮的传动比可以根据从动轮与主动轮的齿数比，进行简单的计算。例如，下图中结构的传动比是 8 : 24。

$$传动比 = \frac{从动轮齿数}{主动轮齿数} = \frac{主动轮转速}{从动轮转速} = \frac{8}{24}$$

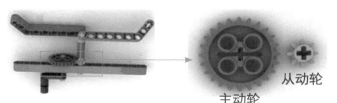

从动轮

主动轮

主动轮与从动轮

主动轮速度相同时，传动比越大，从动轮转动就越慢，需要的力越小。反之，传动比越小，从动轮转动越快，需要的力就越大。

齿轮不仅可以用来传递力、增加或者减缓速度，还有一个魔法般的用途，那就是改变传动的方向。

改变传动方向的齿轮组合

解密原理

钟表与汽车变速箱的内部分布着许多大大小小的齿轮，通过不同齿轮的组合，产生了大小不同的传动比。因此钟表能使秒针、分针、时针产生不同的转速，变速箱也能提供不同的档位。

钟表　　　　　　　　汽车变速箱

练一练

扫描二维码，获取
造型玩法演示与
3D 搭建步骤

手摇太累？那就拼搭一个电动风车吧。

设计思路：风车的转速不宜过快，要选择传动比较大的齿轮组合。为了使风车更稳固，应该尽量降低风车模型的重心。

马达和电池仓

　　马达是根据电磁线圈的原理将电能转化成机械能的装置，它是积木拼搭中会用到的主要动力来源。马达的种类有很多，零件库中提供的是 M 马达，需要连接装有 6 枚 5# 电池的电池仓一起使用。

马达和电池仓

　　◆ **步骤 01**：准备 6 枚 5# 电池，轻按电池仓盖，取下盖板，装入电池。

◆ **步骤 02**：利用积木拼搭接口，将电池仓与电机相连。

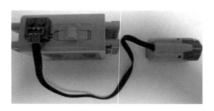

◆ **步骤 03**：拨动电池仓上的开关，控制电机的转动方向，当控制开关回到中间时电机停转。

准备好电机和电池仓，下面开始拼搭电动风车。

◆ **步骤 01**：拼搭风车底座与支撑架。

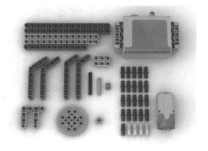

零件清单

28

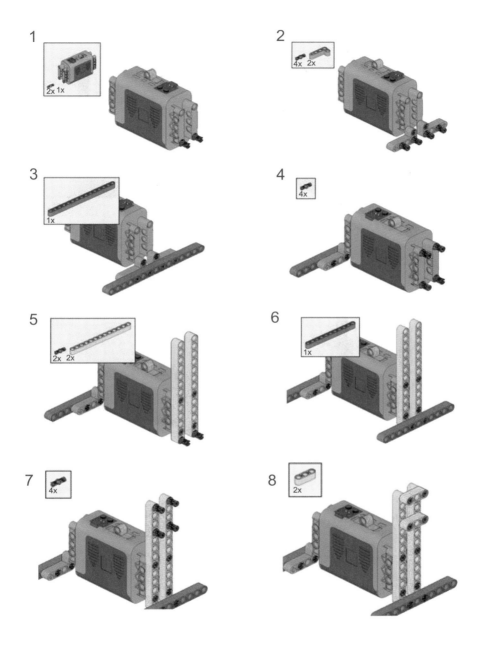

9

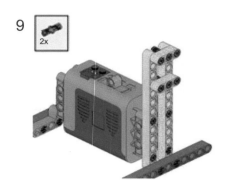

步骤 02 ： 安装驱动电机。

10

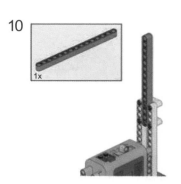

11

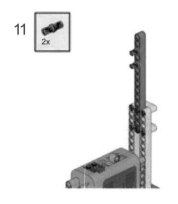

步骤 03 ： 拼装齿轮组。

12

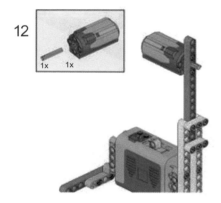

13

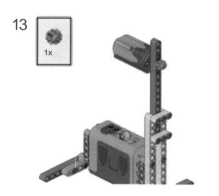

步骤 04 ： 拼搭风车扇叶。

14

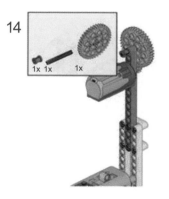

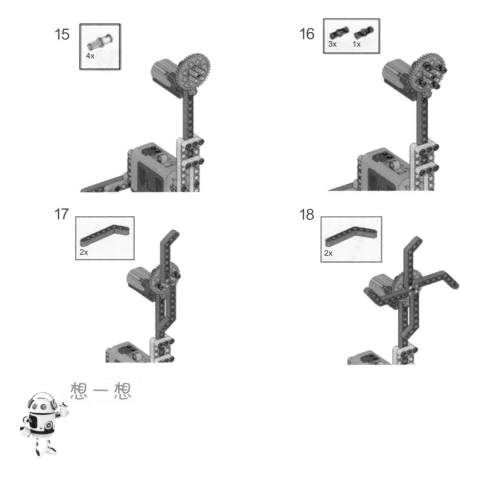

想一想

1. 电池盒为什么要放在底座上？你能通过改进齿轮组合以调整风扇的转速么？

2. 和同伴进行头脑风暴，用齿轮组合还可以搭建哪些模型呢？

扫描二维码，获取
造型玩法演示与
3D 搭建步骤

传送带

扫描二维码，获取
造型玩法演示与
3D 搭建步骤

加速风扇

第4课　旋转的摩天轮

——皮带传动

试一试　尝试用所给的积木零件，拼搭出转椅模型.

扫描二维码，获取
造型玩法演示与
3D 搭建步骤

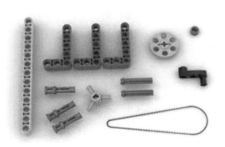

零件配比

皮筋使用

要点提示

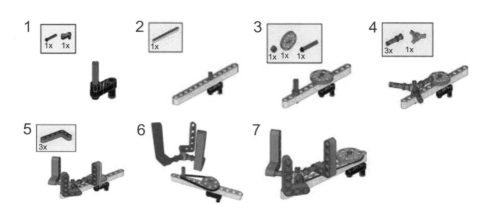

想一想

使用同一根皮筋，试着调整滑轮间的连接距离，用哪种连接方式传动力的效果最好呢？

方式 1　　　　方式 2　　　　方式 3

探究生活

发动机正时皮带、自行车皮带都能传递动力。要使它们更好地传递动力，安装时需要注意什么呢？

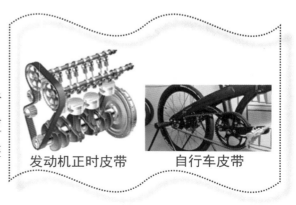

发动机正时皮带　　　自行车皮带

新认知

早在公元前，中国就出现了皮带或皮筋传动（以下简称带传动）。用来缠绕皮筋的带凹槽的轮子常被称作滑轮（也叫带轮），带传动就是通过皮带（皮筋）将旋转运动从一个滑轮传导到另一个滑轮上。

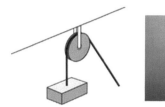

绳子、皮筋与滑轮

带传动与齿轮传动类似，也有主动轮、从动轮。区别在于带传动是利用皮带与两轮间的摩擦传递动力，皮带延长了动力传递的距离，而齿轮传动只能依靠两个互相接触的齿轮进行动力传递，传递距离较短。

带传动与齿轮传动

在实际应用中，要根据滑轮与皮带恰当地进行安装，才能传递动力。皮带的松紧度用"张力"表示，越紧张力越大，摩擦力越大，动力传递效果就越好。越松张力越小，动力传递效果越差。但是张力太大，皮带容易断裂（左图），张力太小皮带容易脱落（右图），中图中的皮带安装较合适。

皮带的安装

有些带传动不仅利用张力增加摩擦力，还在皮带与带轮上增加了齿形结构，这种带轮从外形看很像齿轮，可极大地增加带传动的摩擦力。

带轮

带传动也能计算传动比，设主动轮周长为 C_1，从动轮周长为 C_2，利用带轮的周长，可以简单地计算它们的传动比。

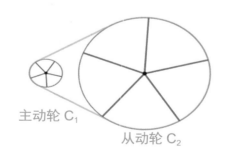

主动轮 C_1

从动轮 C_2

$$传动比 = \frac{从动轮周长}{主动轮周长} = \frac{主动轮转速}{从动轮转速} = \frac{C_2}{C_1}$$

带传动的传动比

带传动连接带轮的方式有很多，比较常见的是直接连接和交叉连接。直接连接，即由皮带连接的两个滑轮向相同方向转动。交叉连接，即两个用交叉皮带连接的滑轮向相反方向转动。

直接连接　　　　　　　　　　　　交叉连接

解密原理

　　发动机的正时皮带和自行车的皮带都用于传递动力。生活中通常使用有齿形结构的带传动，这样能较大地增加摩擦力，提高传递动力的效率。在安装时，要根据动力传递的距离选择合适长度的皮带，皮带过短，张力大，容易断裂；皮带过长，张力小，容易脱落。

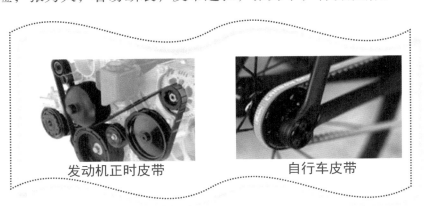

发动机正时皮带　　　　　　　　　　自行车皮带

练一练

扫描二维码，获取造型玩法演示与3D搭建步骤

设计搭建一个旋转的摩天轮。

设计思路：皮带传动可以实现较远距离的传动，所以电池仓与电机都可以安装在摩天轮模型的底部，这就降低了模型的重心，防止摩天轮"头重脚轻"。

步骤

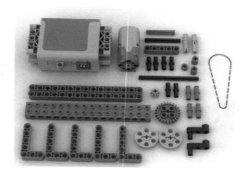

零件清单

◆ **步骤01**：利用电池仓拼搭摩天轮底座。

1

2

❖**步骤02**：拼搭摩天轮支架。

3

4

❖**步骤03**：拼搭驱动电机。

5

6

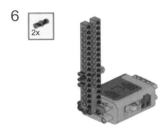

7

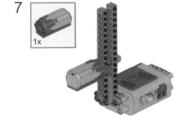

❖**步骤04**：拼搭带传动和减速齿轮组。

8 80x

9

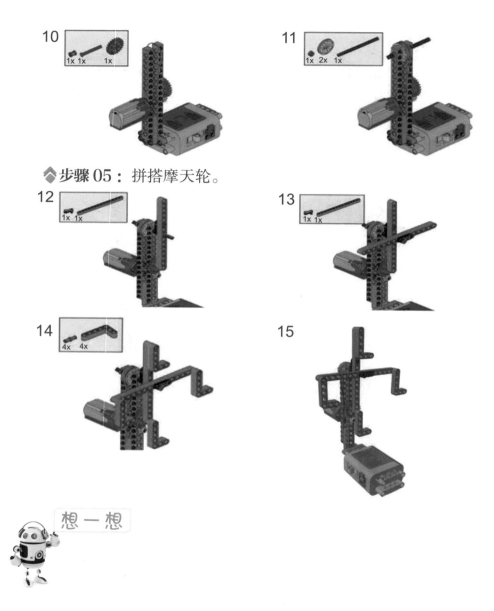

步骤05： 拼搭摩天轮。

想一想

1.分析摩天轮转动的工作原理，如何改进能让摩天轮转动得更慢？

2. 和同伴一起，尝试使用零件库中的材料，创意拼搭出更好玩的
作品造型。

扫描二维码，获取
造型玩法演示与
3D 搭建步骤

出入口栏杆

扫描二维码，获取
造型玩法演示与
3D 搭建步骤

地月系

第5课　四驱月球车

——空间齿轮

试一试

尝试用所给的积木零件，拼搭出手持搅拌器模型。

扫描二维码，获取造型玩法演示与3D搭建步骤

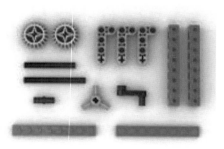

零件配比

手持搅拌器

要点提示

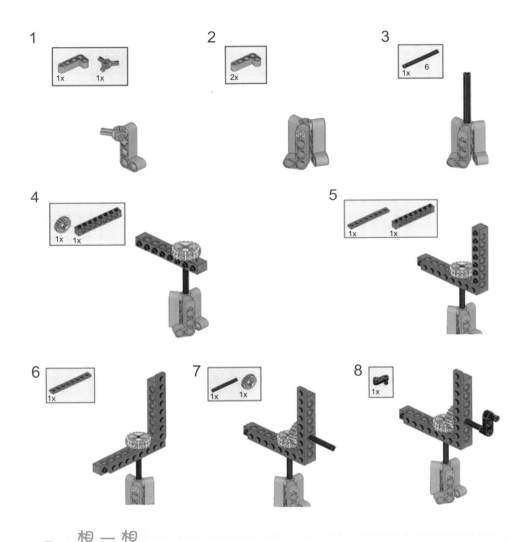

想一想

比较前面学过的齿轮组合方式，手持搅拌器的齿轮组合有什么不同？

平面齿轮　　　　　　　　　　　空间齿轮

探究生活

　　齿轮转向器和汽车差速锁的内部都是由齿轮组成的，这些齿轮组合有什么用途？

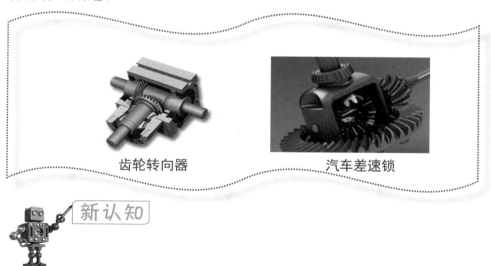

齿轮转向器　　　　　　　　　　汽车差速锁

新认知

　　平面齿轮传动的两个齿轮旋转轴是平行的，空间齿轮传动的两个齿轮旋转轴是相交的。空间齿轮也分为主动轮和从动轮，主动轮的轴交叉于从动轮的轴，可以将传递的力实现"转向"。

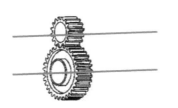

平面齿轮传动　　　　　　　空间齿轮传动

仔细观察材料包中的空间齿轮与平面齿轮的边缘，平面齿轮的齿外形平直，不利于垂直连接时啮合。而空间齿轮的齿边缘是斜面的，斜面的齿形是为了使两个垂直齿轮相互啮合。材料包中的空间齿轮也具备平面齿轮的特性，可以在平面内组合使用。

空间齿轮　　　　　　　　平面齿轮

空间齿轮垂直传动　　空间齿轮平行传动

解密原理

在实际应用中，因为设备安装、机器体型大小等原因，主动轮的轴与从动轮的轴不是平行的，这时就需要空间齿轮机构进行力的转向，改变旋转轴力的方向。齿轮转向器和汽车差速锁就是通过空间齿轮组合，实现了力的"转向"传递。

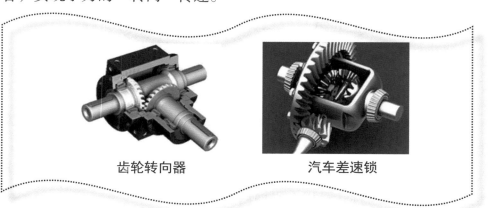

齿轮转向器　　　　　　　　汽车差速锁

练一练

设计搭建一个月球车。

设计思路：登月舱内部空间较小，空间齿轮机构在改变力的方向的同时可以更充分地利用空间。另外，月球表面凹凸不平，车辆重心要尽量低，防止翻车。增加轮胎数量可以加大抓地力，强化车辆的越野能力。

扫描二维码，获取造型玩法演示与3D搭建步骤

步 骤

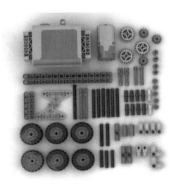

零件清单

◆ **步骤 01**：拼装车体。

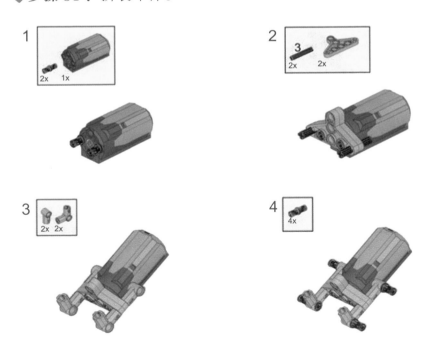

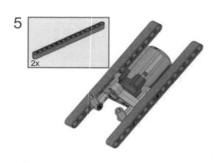

◆**步骤**02：拼搭空间齿轮传动机构。

◆**步骤**03：拼搭月球车驱动齿轮。

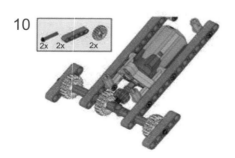

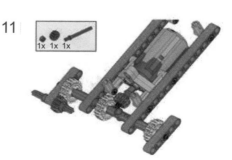

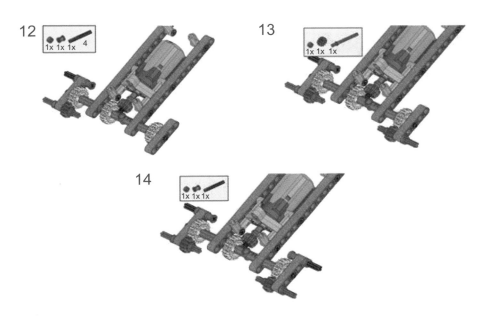

◆ **步骤** 04：拼搭驱动车轮。

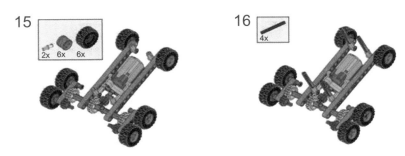

◆ **步骤** 05：安装电池仓。

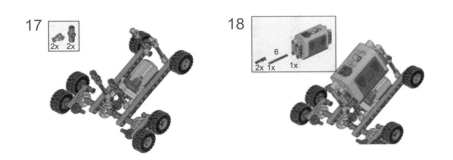

想一想

1. 复习齿轮传动比的计算方法，尝试计算月球车中各齿轮组合的传动比。

2. 用空间齿轮还能制作出什么模型呢？试试看吧。

扫描二维码，获取造型玩法演示与3D搭建步骤

无人飞机

扫描二维码，获取造型玩法演示与3D搭建步骤

芝麻开门

第6课 可升降的叉车

——齿条齿轮

试一试

尝试用所给的积木零件搭建一个桥梁缆车模型，转动摇柄控制小车沿着齿条轨道往返运动。

扫描二维码，获取造型玩法演示与3D搭建步骤

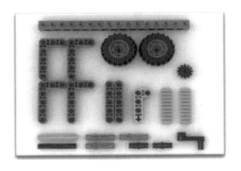

零件配比

桥

要点提示

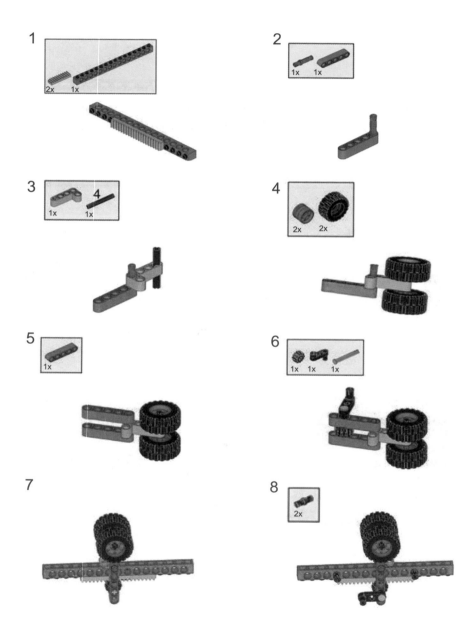

1

2x 1x

2

1x 1x

3

1x 4 1x

4

2x 2x

5

1x

6

1x 1x 1x

7

8

2x

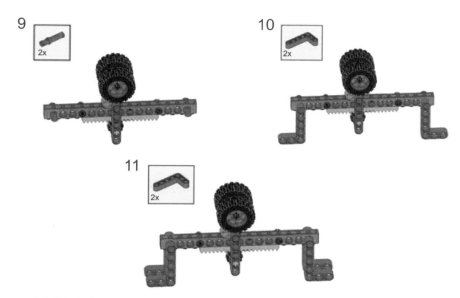

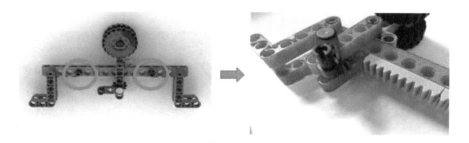

想一想

尝试将桥上4孔、12孔的摩擦销取出，如图中标记，你还能很好地控制缆车不脱轨吗？

齿轮脱离齿条

探究生活

摇动齿条千斤顶的摇杆，顶盖就能上升；抽出陀螺发射器的拉条，陀螺就能旋转。这是为什么？

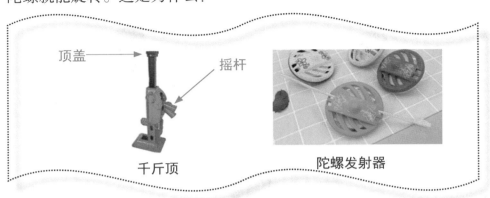

千斤顶

陀螺发射器

齿条是一种齿分布于条形体上的特殊齿轮，齿条与齿轮可以组成齿条齿轮机构，实现直线运动和旋转运动之间的转换。当齿条固定时，齿轮在齿条上旋转移动；当齿轮固定时，齿条直线移动。

齿轮转动

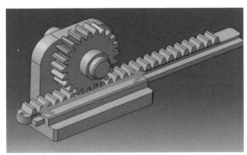

齿条移动

大多数齿条齿轮机构在实际应用时会加装机械限位装置，如图中的标记处。限位装置可以避免齿轮在移动时脱离齿条，因为一旦脱离就很难复原。

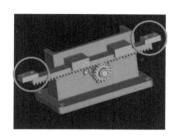

齿条上的限位装置

解密原理

　　千斤顶的摇杆驱动内部的齿轮转动，齿轮连接齿条，带动齿条直线移动，让顶盖上升。陀螺发射器的拉条驱动内部的齿轮组合，齿轮带动陀螺旋转。

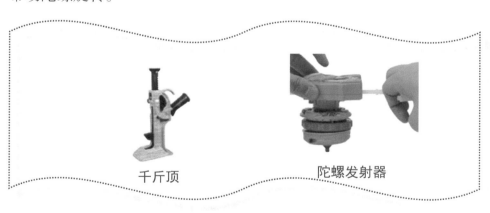

千斤顶　　　　　　　　　陀螺发射器

练一练

　　设计搭建一个可升降的叉车。

　　设计思路：使用齿条齿轮机构，设计一款叉车。

扫描二维码，获取造型玩法演示与3D搭建步骤

固定齿轮，通过转动齿轮带动齿条上下移动，从而使叉车能够举起或放置物体。

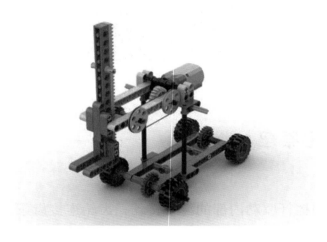

零件清单

步骤 01：拼装叉车底盘。

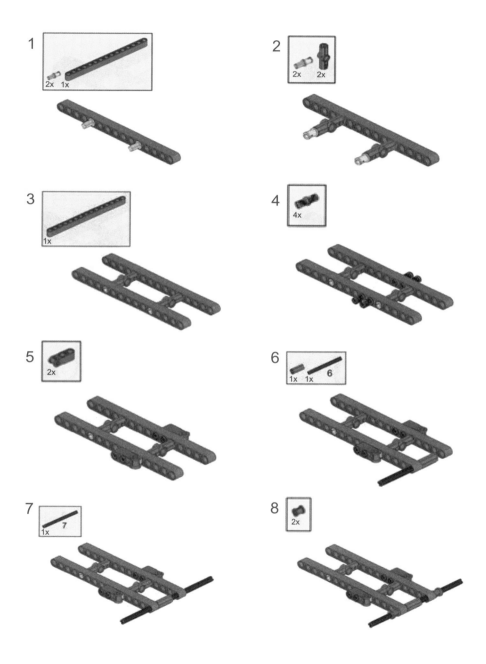

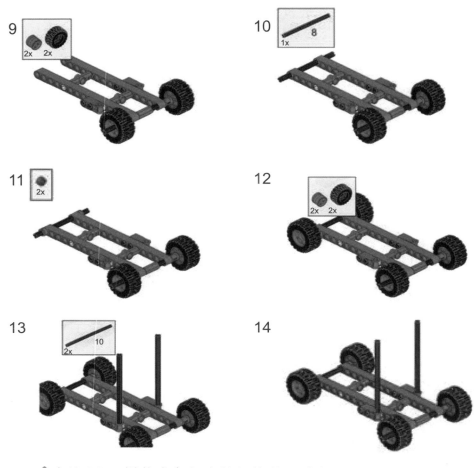

步骤02： 拼装齿条与齿轮机构的驱动电机。

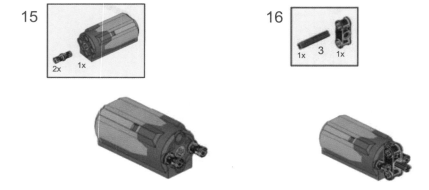

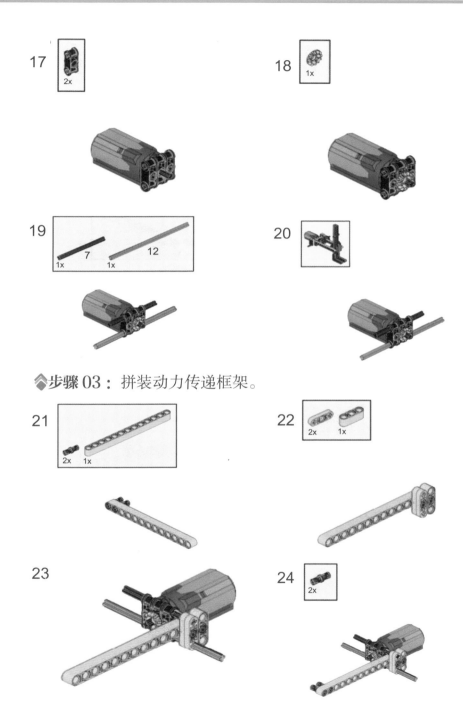

步骤 03：拼装动力传递框架。

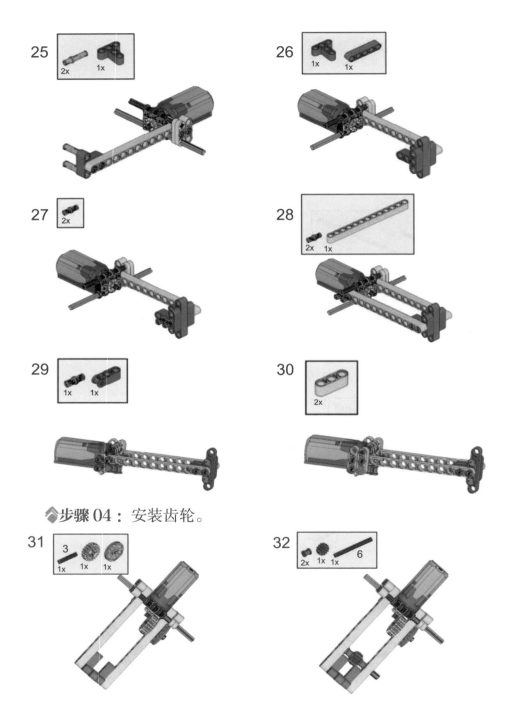

步骤04：安装齿轮。

33
1x

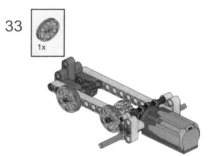

◆**步骤** 05：拼装齿条抬升装置。

34
2x　　1x

35
1x

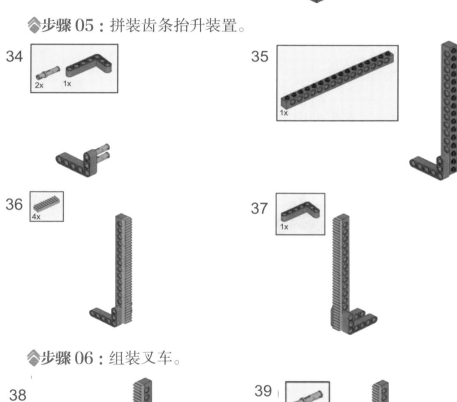

36
4x

37
1x

◆**步骤** 06：组装叉车。

38

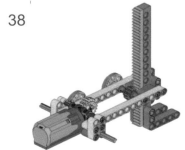

39
1x

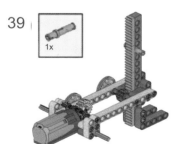

40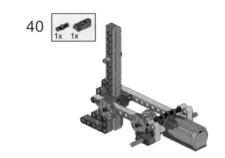

41

 想一想

1. 尝试改进叉车模型中齿轮的大小，让叉车的移动更稳定。

2. 生活中还有哪些动力装置可以用齿条与齿轮机构实现？

手动陀螺

扫描二维码，获取造型玩法演示与 3D 搭建步骤

自动门

扫描二维码，获取造型玩法演示与 3D 搭建步骤

第 7 课　开合桥
——蜗轮蜗杆

扫描二维码，获取造型玩法演示与 3D 搭建步骤

试一试　使用所给的积木零件，拼搭出抬升手臂模型。

零件清单

蜗轮结构抬升手臂

要点提示

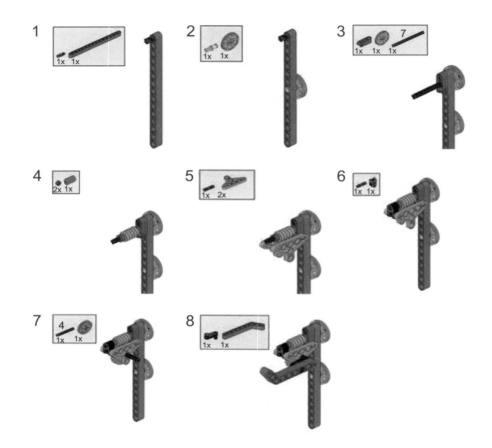

想一想

将"重物"放置（或悬挂）到抬升手臂上，转动旋钮轮将重物举起。停止转动旋钮轮，抬升手臂并没有下落，这是为什么呢？

探究生活

　　混凝土搅拌车使用很小的电机就能驱动很大的搅拌罐，这是什么原理呢？如何轻松地打开或关闭一个管道闸阀？

混凝土搅拌车　　　　　　　　管道闸阀

新认知

　　蜗轮蜗杆机构，由蜗轮和蜗杆两部分组成，它是空间齿轮机构的一种。一般是为了得到一个较大的输出力，但输出速度会减慢。

蜗轮蜗杆实物图　　　　　　　　　蜗轮蜗杆积木图

使用时，通常由蜗杆带动蜗轮转动。蜗杆转动 1 圈，蜗轮转动 1 齿。举个例子，若蜗杆转动 24 圈，蜗轮才转 1 圈，可以计算出其传动比为24 ： 1。

某齿轮组合，主动轮是 8 齿，从动轮为 40 齿，其传动比为 5 ： 1。类比齿轮组合可以发现，蜗轮蜗杆组合可以更轻松地实现减速运动。

常规齿轮

因为传动比越大，从动轮转动就越慢，需要输入的力就越小。因此，使用蜗轮蜗杆组合，我们只需要输入很小的力，就可以输出较大的力。

在一般情况下，我们只能通过转动蜗杆带动蜗轮，而无法通过转动蜗轮带动蜗杆，这就是蜗轮蜗杆的自锁特性。

解密原理

　　混凝土搅拌器的罐体较大，转动起来一定很费力。巧妙利用蜗轮蜗杆机构的减速加力特性，只需要选择较小的电机，就可以转动巨大的罐体。

　　输油管道常使用管道闸阀。在油料输送过程中，管道闸阀承担着开启、关闭等主要功能。带有蜗轮蜗杆机构的管道闸阀，通过蜗轮驱动阀门，就能轻松地打开、关闭管道。蜗轮蜗杆的自锁特性，也能避免管道中的压力冲破阀门。

混凝土搅拌器

管道闸阀

练一练

　　设计搭建一个开合桥。

　　设计思路：由于开合桥的桥体较重，需要使用加力的机械机构提升桥体，使用蜗轮蜗杆机构，可以满足需求。

扫描二维码，获取造型玩法演示与3D 搭建步骤

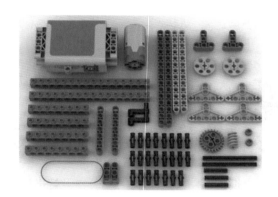

零件清单

◆**步骤**01：拼装开合桥底座。

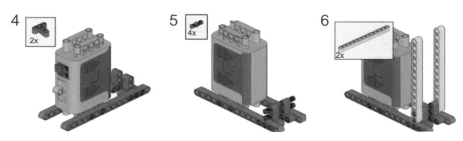

❖ **步骤** 02 ： 组装蜗轮蜗杆抬升机构。

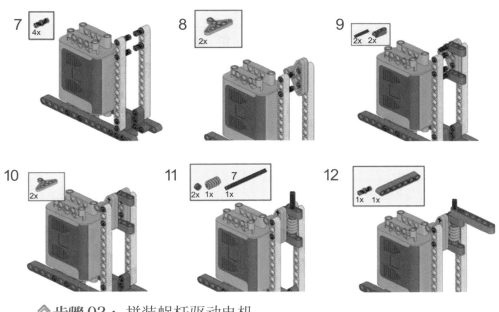

❖ **步骤** 03 ： 拼装蜗杆驱动电机。

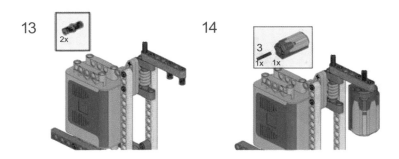

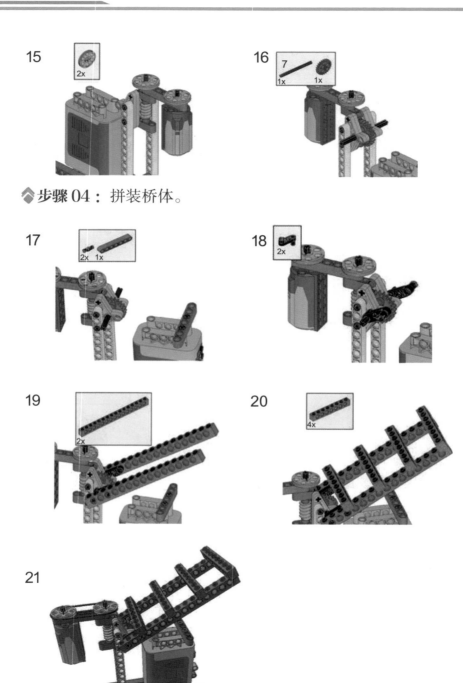

步骤04：拼装桥体。

想一想

1. 结合开合桥设计，如何改进才能让桥梁抬升的速度加快或者减慢？

2. 使用蜗轮蜗杆组合，你还能创意拼搭出更多的造型吗？

扫描二维码，获取
造型玩法演示与
3D 搭建步骤

摇头风扇

扫描二维码，获取
造型玩法演示与
3D 搭建步骤

单方向运动小车

第 8 课　能屈能伸的秘密

——剪叉机构的应用

扫描二维码，获取
造型玩法演示与
3D 搭建步骤

试一试　利用所示零件，拼搭折叠椅。

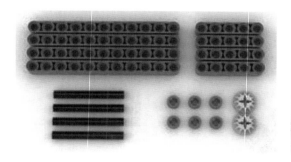

零件配比

折叠椅

要点提示

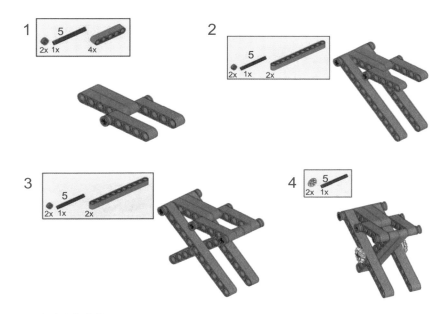

想一想　　反复探究尝试，折叠椅使用什么机构实现打开和闭合呢？

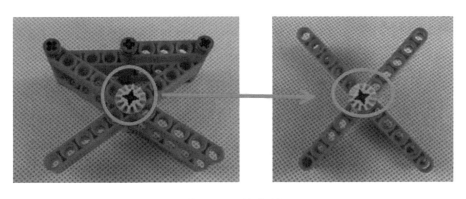

椅子折叠的奥秘

探究生活

自动门和升降机可以随意地展开、收缩，这其中蕴含了什么原理呢？

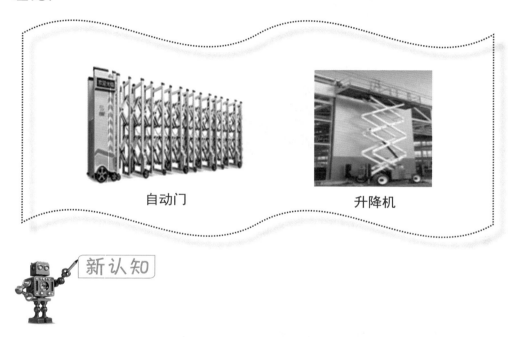

自动门   升降机

新认知

杠杆

杠杆是一种简单机械，物理学中把一根在力的作用下可绕固定点（支点）转动的硬棒叫作杠杆。"支点"到动力作用线的垂直距离是力臂的长度（常用 L 表示）。通过比较 L_1、L_2 的大小，杠杆可分为等臂杠杆（$L_1=L_2$）、省力杠杆（$L_1>L_2$）和费力杠杆（$L_1< L_2$）。

杠杆示意图

在生活中根据需要，杠杆可以是任意形状的，也可以是由多个杠杆组合而成的复合杠杆。比如剪刀和折叠椅，都巧妙地应用了杠杆原理。

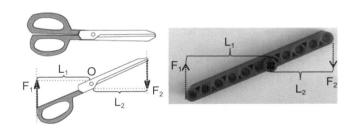

复合杠杆示意图

剪叉机构

剪叉机构，因其形状类似剪刀而得名。它像剪刀一样可以打开，也可以闭合。如下图所示，当两根手指向中间用力时，剪叉机构会变形，同时平台上升。

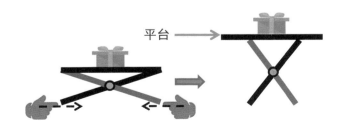

剪叉式升降机示意图

在第 1 课中已经学过四边形是一种不稳定结构，剪叉机构正是利用四边形不稳定的特性，实现机构的"展开"和"关闭"。

不稳定的四边形

图中的两个伸缩围栏也应用了剪叉机构原理。比较图中两处标记的四边形，形状变化后，一个看似很小，而另一个却很大。再比较两个围栏，其实左边的围栏比右面的围栏还多了一个四边形。可以说，剪叉机构是空间魔术师。

伸缩围栏

解密原理

伸缩自动门通过改变四边形的形状，可以实现门的打开与关闭。剪叉式升降机的优点是体积小且节约空间。剪叉机构具有结构紧凑、稳定性好、承载能力高和操控性好等特点，因此在起重运输、物料搬运、大型设备的制造与维护中，均得到了广泛应用。

自动门

升降机

 练一练

利用剪叉机构设计一个自动门模型。

设计思路：使用剪叉机构制作自动门的伸缩机构，利用电机给自动门的开、关提供动力。

扫描二维码，获取造型玩法演示与 3D 搭建步骤

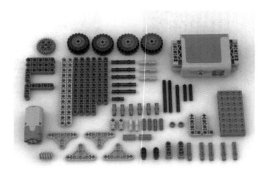

零件清单

❖ **步骤** 01：制作减速蜗轮蜗杆。

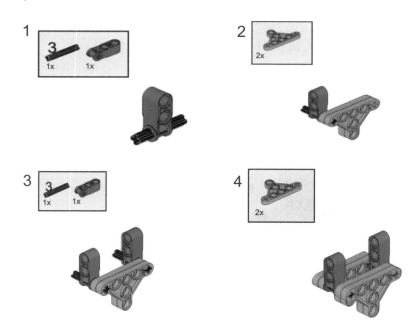

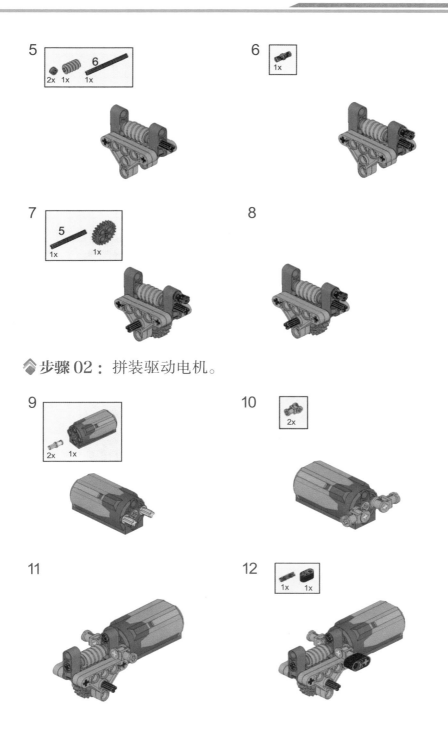

步骤 02：拼装驱动电机。

步骤03：拼搭电池仓。

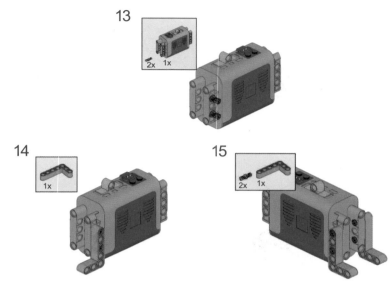

步骤04：组合动力单元。

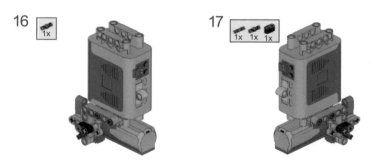

步骤05：拼搭牵引车主体框架。

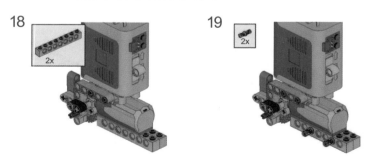

20
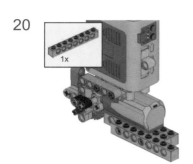

21
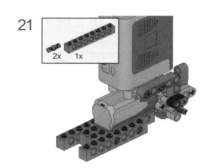

✿ **步骤** 06：拼装车轮与驱动齿轮组。

22
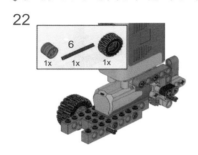

23
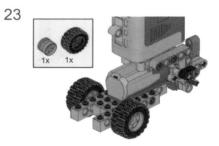

24
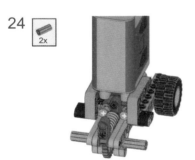

25
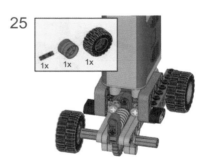

26
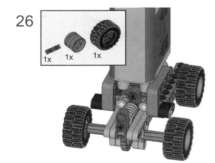

步骤 07： 拼装剪叉式伸缩架。

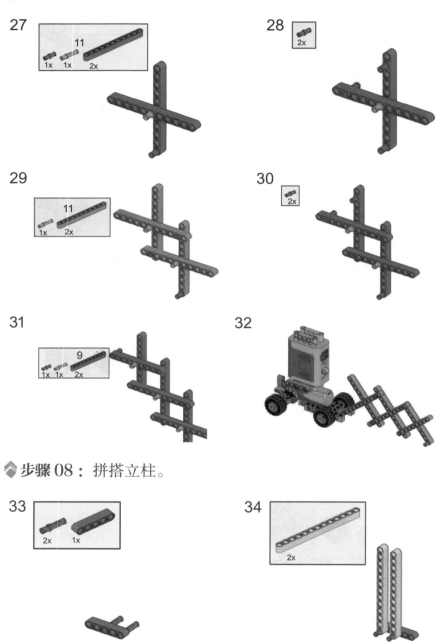

步骤 08： 拼搭立柱。

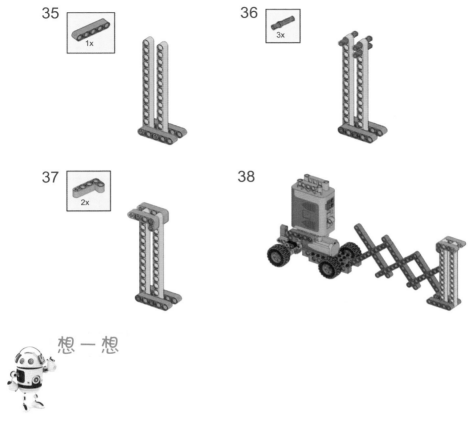

想一想

1. 试着改变剪叉机构中伸缩门的连接孔，有什么新的发现？

2. 和小伙伴头脑风暴，用剪叉机构还可以搭建哪些模型呢？

扫描二维码，获取
造型玩法演示与
3D 搭建步骤

电动雨刷

扫描二维码，获取
造型玩法演示与
3D 搭建步骤

消防梯

第9课 开屏的小孔雀
——曲柄滑块

试一试 尝试用所给的积木零件拼搭出雨伞的模型。

扫描二维码,获取造型玩法演示与3D搭建步骤

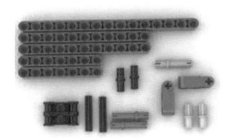

零件配比

雨伞

要点提示

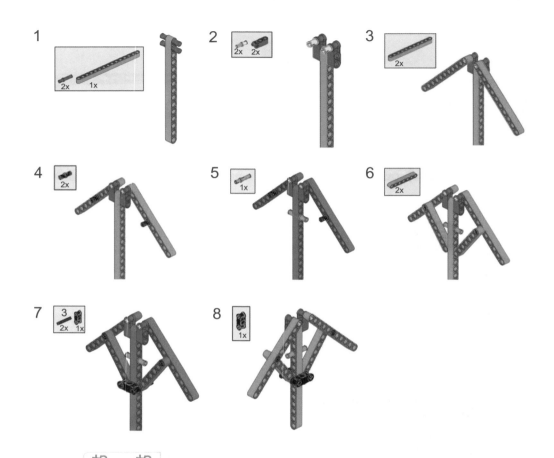

想一想

分别驱动滑块和伞面，开合雨伞，仔细观察滑块和伞面的运动轨迹。

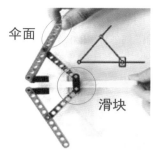

开合家中的平开窗，了解汽车内燃机中气缸的工作过程，思考它们的运动方式有什么相同之处？

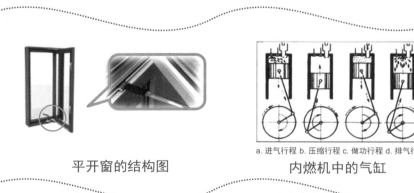

a. 进气行程 b. 压缩行程 c. 做功行程 d. 排气行程

平开窗的结构图　　　　内燃机中的气缸

曲柄滑块机构

曲柄滑块机构是指用曲柄和滑块实现"转动"和"移动"相互转

换的平面连杆机构。其中与固定架构成"移动副"的构件称为滑块，通过"转动副"连接曲柄和滑块的构件称为连杆。

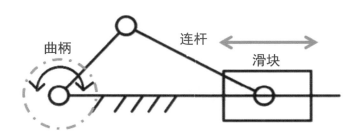

曲柄滑块机构

曲柄滑块机构通过驱动曲柄做圆周运动带动连杆，连杆带动滑块做往复直线运动。反过来，曲柄滑块机构也可以通过驱动滑块做往复直线运动带动连杆，连杆带动曲柄做圆周运动。

平开窗使用滑轨即构成曲柄滑块机构。每次打开、关闭窗户，都会驱动滑块做往复直线运动。

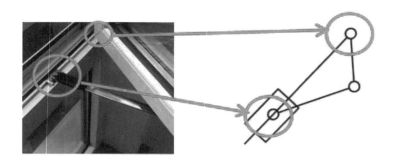

平开窗工作原理

曲柄滑块机构在汽车工业中的应用非常重要。内燃机中的活塞、曲轴、连杆以及汽缸体就是利用曲柄滑块机构的运动特征，将活塞的往复直线运动转变为曲轴的旋转运动，同时对外输出"扭矩"，驱动汽车车轮转动。

平开窗与内燃机都应用了曲柄滑块机构，但有所不同，平开窗是打开、关闭驱动滑块，而内燃机则是活塞上下移动驱动曲柄。

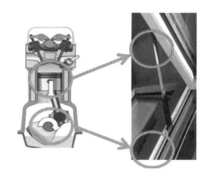

 练一练

尝试用积木零件搭建出开屏的小孔雀。

设计思路:孔雀开屏是由其尾部的展开实现的，其本质是往复运动。连杆机构可以帮助孔雀实现开屏功能。

扫描二维码，获取造型玩法演示与3D搭建步骤

89

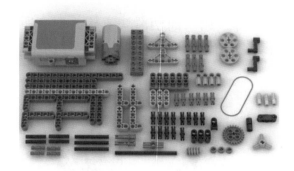

零件清单

◆**步骤01：** 拼搭传动机架。

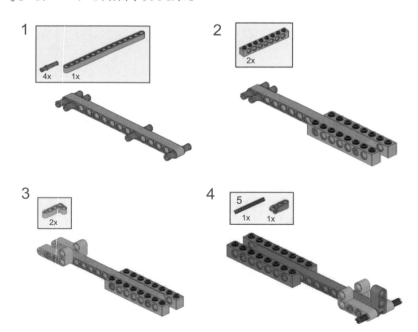

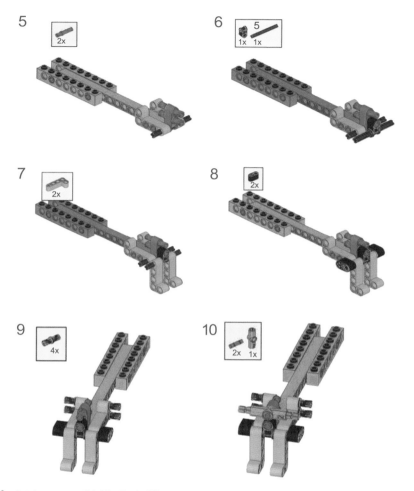

◆**步骤**02：拼搭孔雀模型。

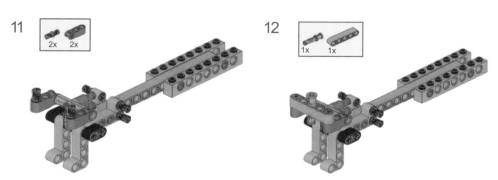

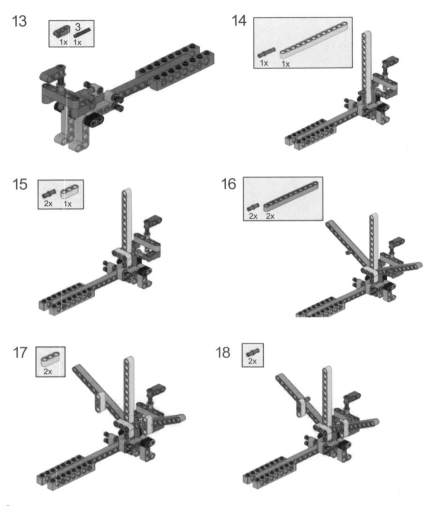

步骤03： 拼搭曲柄滑块机构。

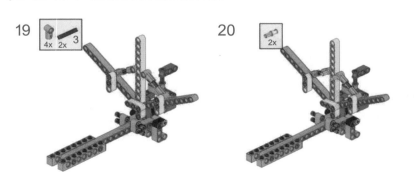

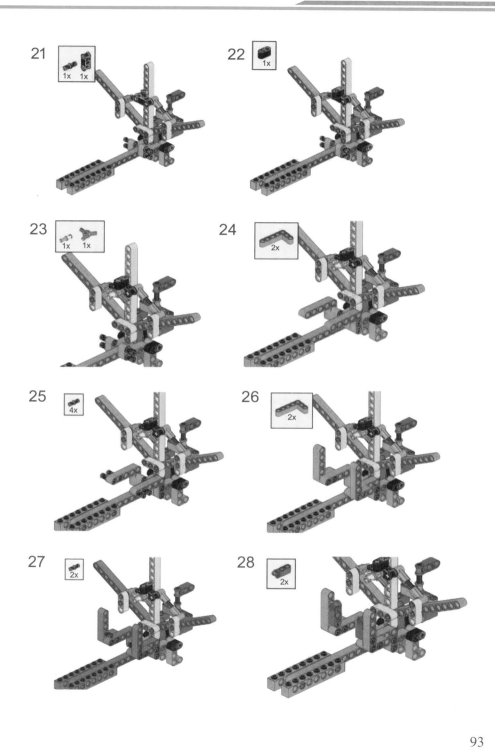

步骤04：拼搭蜗轮蜗杆机构。

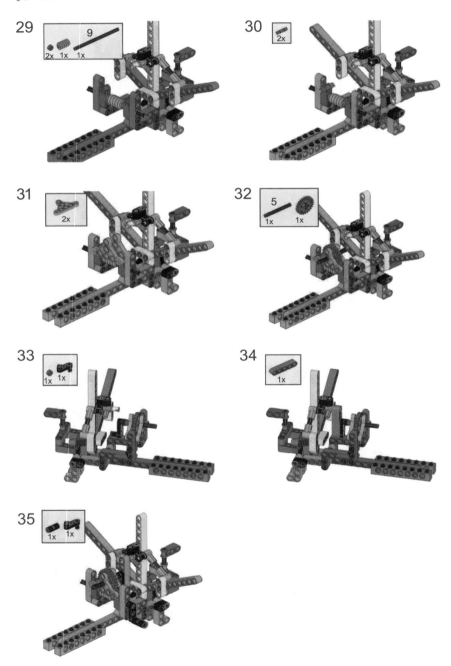

步骤 05 ： 安装电池仓。

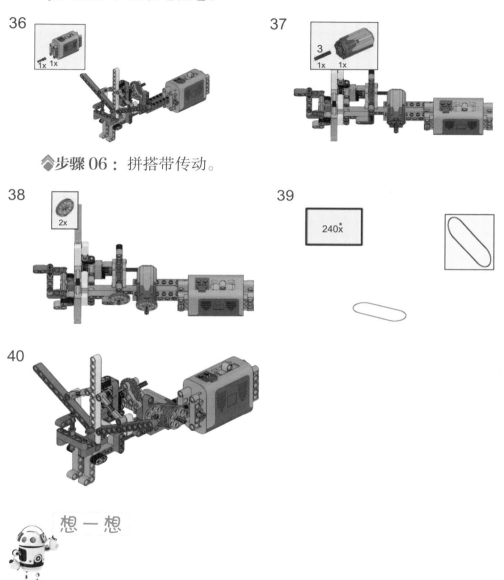

36

37

步骤 06 ： 拼搭带传动。

38

39

40

想一想

1. 试一试你的作品，如果出现连杆运动不顺畅，该怎么调节？你能说出用到的几种机构的作用吗？

2. 拼搭下列作品，尝试加上人物（动物）造型，一定会更有趣！

扫描二维码，获取
造型玩法演示与
3D 搭建步骤

游梁式抽油机

扫描二维码，获取
造型玩法演示与
3D 搭建步骤

旋转飞椅

第10课　爷爷的三轮车
——轮轴与车辆

试一试　尝试用所给的积木零件拼搭出三轮车模型，试着调整三轮车零件的松紧度，实现三轮车的前进或后退。

扫描二维码，获取造型玩法演示与3D搭建步骤

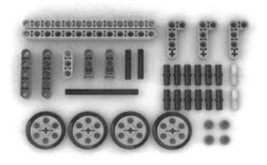

零件配比

三轮车

要点提示

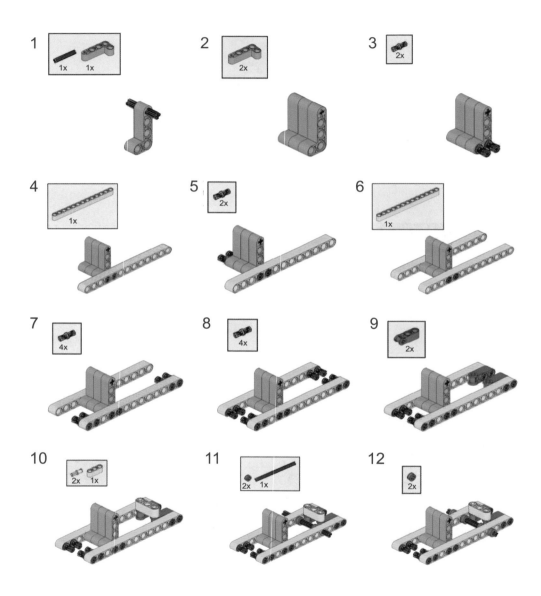

13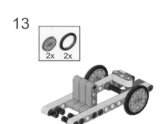

14

15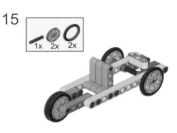

想一想

以对称思维考虑，上面的拼搭顺序该怎么调整？如何改造"前轮"，让三轮车实现灵活转向？

扫描二维码，获取造型玩法演示与 3D 搭建步骤

试着用图中的零件为三轮车拼搭可以转向的前轮。

零件清单

三轮车前轮转弯

要点提示

1

2

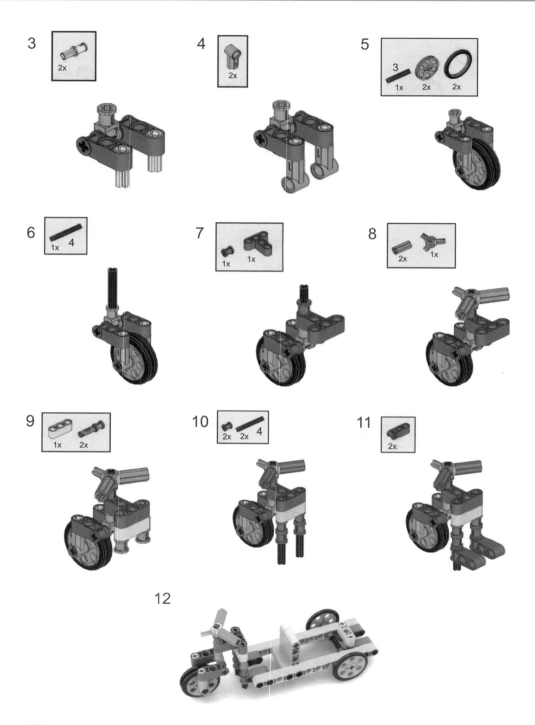

探究生活

爸爸的汽车和爷爷的三轮车，它们的外观有很大不同，你能找到它们的相同点吗？

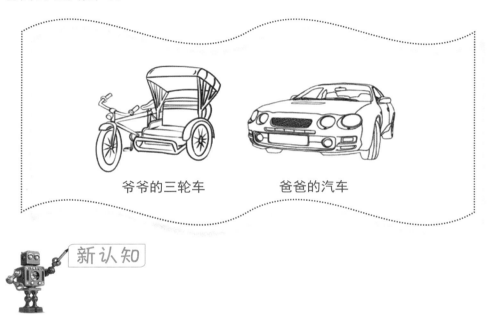

爷爷的三轮车　　　　爸爸的汽车

新认知

轮轴是由轮和轴组成的绕共同轴线旋转的机械结构。在车辆行进时，发动机通过齿轮将动力传递到轴，轴与轮相连带动轮旋转，轮通过滚动的方式带动车辆前进。

轮

轴

轴线

轴驱动轮

动力不仅可以从轴传递到轮，有些机构需要利用轮将动力传递到轴。

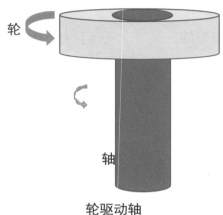

轮驱动轴

轮轴实质上是一个可以绕固定点连续旋转的杠杆。轮的直径较大，轴的直径较小，轴驱动轮时是费力杠杆，轮驱动轴时是省力杠杆。

零件库的车轮由橡胶轮胎和塑料轮毂组成，常用于搭建小车、机器人的驱动部分。轮胎上的花纹和轮胎的宽窄影响着与接触面的摩擦力的大小，可以按设计需求合理使用。

解密原理

三轮车上与把手连接的转动装置虽然没有"轮"，但事实上它也是轮轴结构。三轮车前进的动力是由轴传递到车轮上的，转动把手的动力是由"把手"这个特殊的轮传递到轴上，从而控制前轮，实现转向的功能。

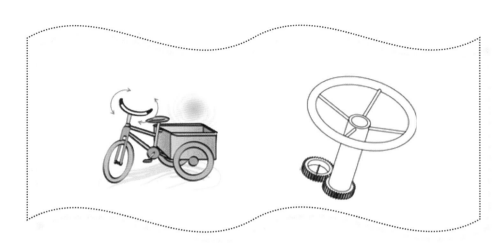

练一练

尽管三轮车和汽车的核心都是轮轴，汽车的结构显然比三轮车更加复杂。尝试用积木零件设计拼搭可转弯的汽车模型。

设计思路：在搭建汽车的过程中，需要依次实现"动力"和"转向"两部分功能。

扫描二维码，获取造型玩法演示与 3D 搭建步骤

要点提示 1

建议使用齿轮组合将电机的动力传递到车轴上，带动车轮转动。

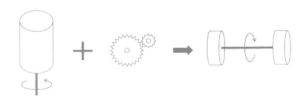

齿轮组合传递动力演示图

要点提示 2

转弯时，两个转向轮的旋转角度应一致，确保车辆转向顺畅。

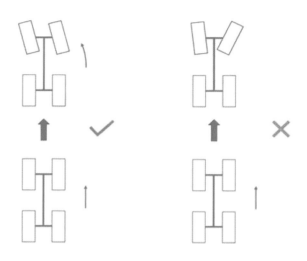

汽车转弯时两个轮子的方向示意图

汽车模型成品图

零件清单

◆**步骤** 01：搭建车辆的底盘。

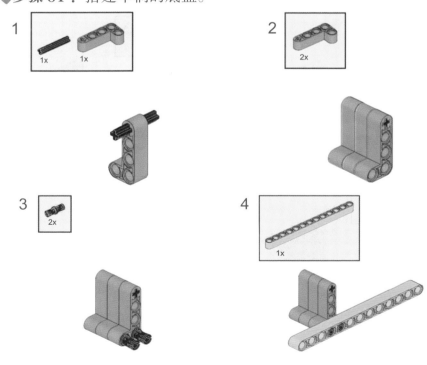

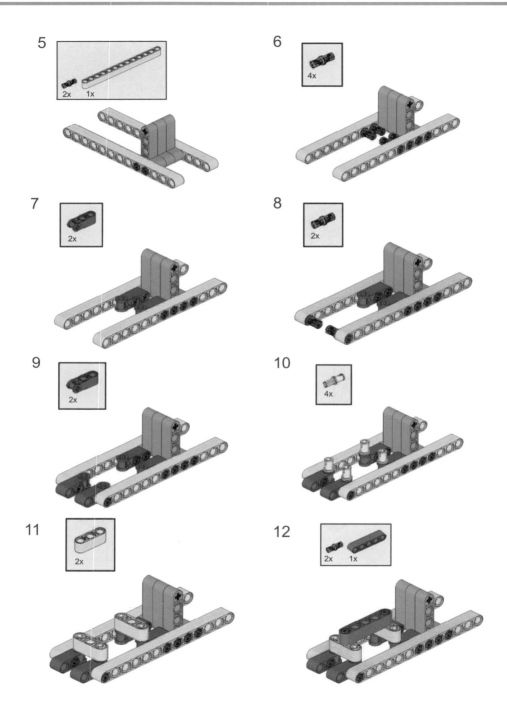

◆**步骤 02**：搭建驱动齿轮（后轮驱动）。

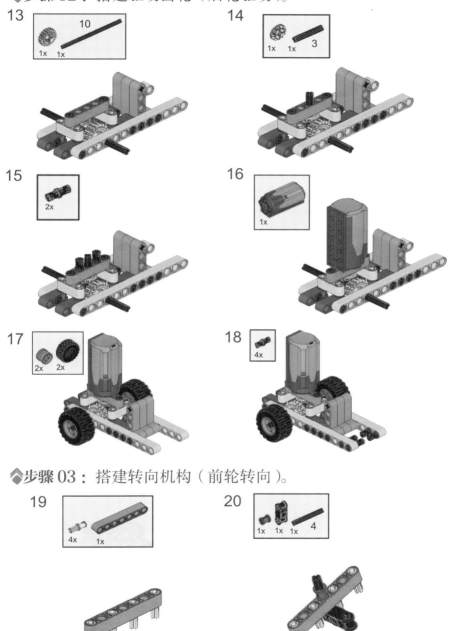

13

14

15

16

17

18

◆**步骤 03**：搭建转向机构（前轮转向）。

19

20

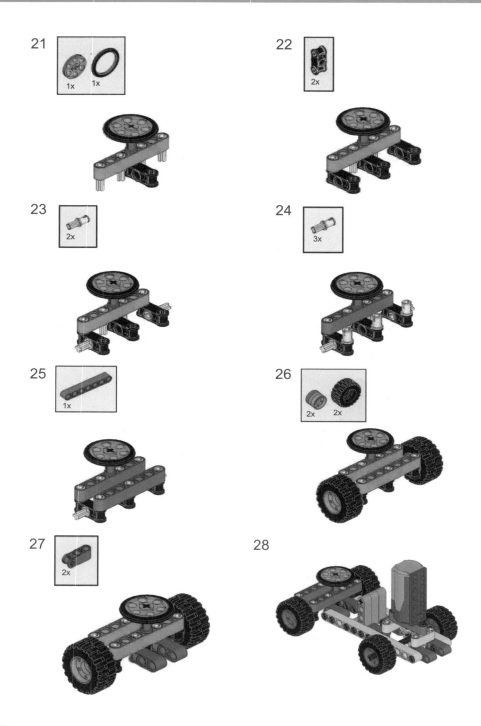

29

想一想

1. 在搭建汽车模型时，用到了我们学过的哪些机械机构？这些机械机构在车辆中承担了什么样的作用？

2. 和同伴头脑风暴，试着设计出更多新颖的模型。

快递机器人

扫描二维码，获取造型玩法演示与3D 搭建步骤

扫描二维码，获取
造型玩法演示与
3D 搭建步骤

多米诺骨牌摆放机

第 11 课 "拔地而起" 竞赛案例

VEX 机器人世界锦标赛于 2007 年开始举办,至今已经成功举办了十余届,吸引了来自全球多个国家的青少年参加。每年,该赛事组委会会公布一个主题,学生们结成小组,围绕主题开展头脑风暴、设计机器人结构、编写程序、谋划竞赛策略等一系列活动。学生参加区、市、省、全国的选拔赛,争得世锦赛参赛名额,与来自全球的同龄人同台竞技。

通过参加这些活动,可以提升学生对科学、技术、工程和数学等学科的兴趣,促进学生学会与他人合作交流、解决实际问题的方法。

"拔地而起"是 VEX-IQ 挑战赛的新赛季主题。

场景描述

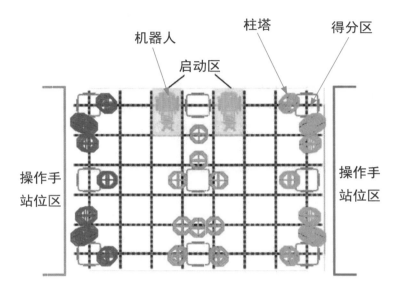

机器人　柱塔　得分区

启动区

操作手
站位区

操作手
站位区

VEX-IQ 挑战赛场地示意图

比赛的目标是尽可能获得更高的得分，要求机器人必须从启动区出发。得分的方式有以下 3 种。

1. 机器人抓取柱塔并将其放置在得分区内。

2. 机器人在得分区内堆叠柱塔。

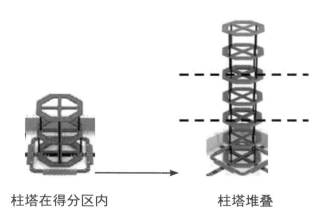

柱塔在得分区内　　　　　　　柱塔堆叠

3. 机器人在同一条直线上的三个得分区内放入同色柱塔，为"连横"。

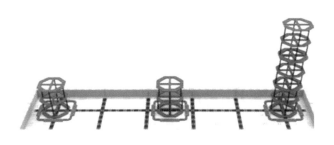

连横且堆叠

任务解决方案

机器人完成任务必须具备以下能力。

1. 抓取柱塔且能将柱塔抬起。

2. 运送柱塔到得分区。

根据任务内容，机器人需具备可移动的底盘（搬运柱塔）、升降装置（抬升柱塔）、机械手（抓取柱塔）等。

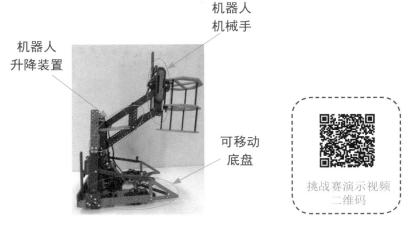

机器人整体图

机器人核心装置分析

1.可移动底盘

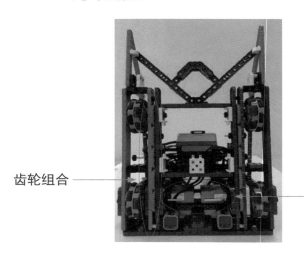

齿轮组合

驱动马达

机器人底盘演示
视频二维码

机器人底盘

机器人需要稳定的运动状态，齿轮组合可以提供高效率、可靠的传动。

如"机器人底盘动力结构图"所示，底盘一侧的齿轮组合由驱动马达连接 60 齿主动轮，从动轮为 5 个 36 齿齿轮，从而将力传递到前轮。整个结构用各种形状的板固定，组成齿轮传动机械装置。该机械装置的传动比（从动轮齿数：主动轮齿数）是 3：5，因此是个加速减力的齿轮组。

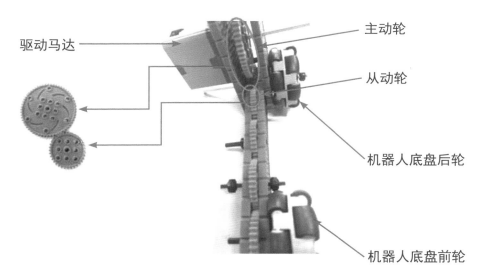

机器人底盘动力结构图

2. 升降装置

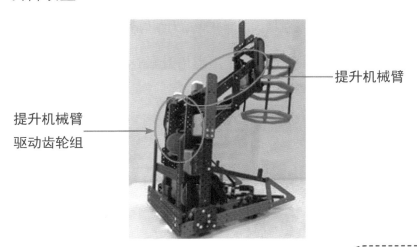

机器人升降装置

机器人升降装置
演示视频二维码

机器人需抬起两个柱塔，负重较大。减速加力齿轮组能提升马达扭矩，增加机械臂力量。

升降装置的动力由左右两侧的马达提供，马达连接 12 齿齿轮，啮合 60 齿齿轮（传动比为 5 ∶ 1），根据平面齿轮传动原理，可实现减速加力的效果。

机器人左侧升降动力结构图

机械臂采用平行四边形设计，当抬升马达转动时，驱动四边形发生形变，实现机械臂的升降。

机械臂落下

机械臂抬起

3. 机械手

机器人机械手演示
视频二维码

机器人机械手

为了抓住柱塔，机器人采用如"机器人机械手动力图"中所示的弯梁机械手。当驱动马达转动时，动力通过链条传递给弯梁，弯梁向下旋转，抓取柱塔，向上旋转，放置柱塔。

机器人弯梁结构较窄，与驱动马达距离较远，不易连接固定，影响齿轮啮合，易导致抓取失败。链传动与带传动相似，都可以远距离传递动力，满足机械手的任务需要。

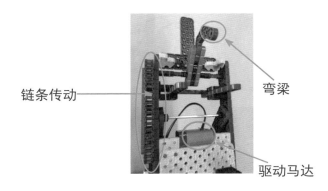

链条传动　　　　　　　　　　　　　弯梁

驱动马达

机器人机械手动力图

拓展任务实现

除了前文提到的 VEX-IQ 机器人挑战赛，每年还有很多其他的机器人比赛，其中 FLL 机器人工程挑战赛也是很受欢迎的国际赛事。下面介绍 2020—2021 赛季 FLL 机器人工程挑战赛中的一个任务，看看如何用机械结构解决这个问题。

机器人的任务是捡起套环，放到策略物上。

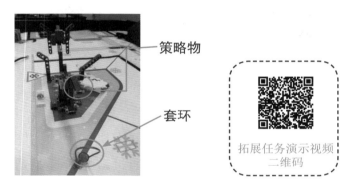

拓展任务演示视频
二维码

2020—2021 赛季 FLL 机器人工程挑战赛任务图

机械臂的马达转动，带动空间齿轮机构转动。通过轴将动力传递到连杆机构，驱动平行四边形结构形变，从而实现捡起、放置、套环任务。

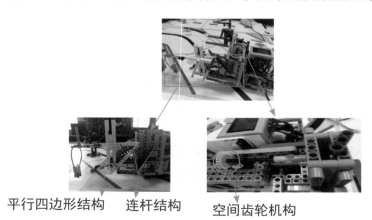

平行四边形结构　　连杆结构　　空间齿轮机构

机械臂打开

附录 家长指导手册

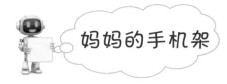

妈妈的手机架

一、学习助力

1. 情感态度目标：对机械搭建表现出兴趣，自主探索 5 分钟以上。

2. 认知技能目标：认识积木零件，初步掌握稳定底座的搭建技巧。

3. 思维能力目标：

· 能够列举生活中 2 ～ 3 个利用三角形稳定性或四边形不稳定性原理的相关事物。

· 根据"三角形稳定性原理"设计搭建一款"手机架"。

二、学习引导

活 动 环 节	设 计 意 图	引 导 建 议
试一试	通过动手搭建手机架的"基础模型"，初步认识积木零件，让孩子获得搭建的成就感，激发探索兴趣	手机架是核心模型，有效减少"认知负荷"
想一想	通过动手尝试，激发孩子探究手机架为何不稳的好奇心，引导孩子学习和尝试改进	"手机架"情境引导，通过提问启发孩子自主思考
联系生活，学习新知	（1）认识积木盒中的各种零件，找到梁和销 （2）通过动手探索，组合积木零件，搭建出三角形和四边形，思考哪种造型更稳定 （3）联系生活中的桥梁、塔式建筑和人形梯等三角形结构，理解三角形的稳定性，说出"稳定底座"的原理，发展联想思维	知识学习，对于一些障碍点，可结合后面的拓展活动引导孩子

续表

活动环节	设计意图	引导建议
练一练	能在"基础模型"上充分利用稳定性原理，为妈妈设计一款"手机架"，提升动手操作和模仿设计能力	鼓励孩子自主思考，尝试解决问题
想一想	（1）体会零件拼搭设计，培养反思意识 （2）强化"底座稳定性"在手机架拼搭中的作用，引导举一反三，培养联想和发散思维	提问讨论，引导发散拓展

三、学习评价

评价内容	评价指标	关键行为	评价等级	评价方法
了解要完成的任务	能清晰准确地表述将要完成的搭建任务		☆☆☆☆☆	问答
有自主探索的兴趣	对机械搭建表现出兴趣，自主探索5分钟以上		☆☆☆☆☆	观察，计时
有恰当的问题解决策略	在探索过程中，遇到困难能主动向师长或同伴求助，能准确地说出自己的问题或需求		☆☆☆☆☆	观察
	能在家长的引导下查阅相关资料		☆☆☆☆☆	观察
	能不断修正问题的解决方案，直到方案完全正确		☆☆☆☆☆	参与式观察
联系生活，拓展迁移	能够列举2～3个生活中和"重心与平衡"相关的具体事物或者现象		☆☆☆☆☆	问答
	能够将设计与原理联系起来，搭建一个新的"天平"		☆☆☆☆☆	参与式观察
	能简要表述新搭建的"天平"的原理，至少能说出3条		☆☆☆☆☆	问答

走钢丝的秘密

一、学习助力

1. 情感态度目标：对机械搭建表现出兴趣，自主探索 5 分钟以上。

2. 认知技能目标：知道重心的概念，初步了解重心与平衡的关系。

3. 思维能力目标：

- 能够列举生活中 2 ~ 3 个"重心与平衡"相关的具体事物或者现象。

- 设计搭建一个"天平"，能简要表述搭建的"天平"的原理。

二、学习引导

活 动 环 节	设 计 意 图	引 导 建 议
试一试	动手搭建"基础模型"，体验"平衡"现象，让孩子获得搭建成就感的同时，激发探索兴趣	观察孩子的搭建过程
想一想	通过多种尝试，激发孩子思考平衡的关键要素，引导孩子学习和尝试改进	通过提问，启发孩子自主思考
联系生活，学习新知	（1）了解"重心"的概念，知道物体的重心和平衡之间的关系 （2）联系"走钢丝"的生活现象，理解"重心越低，物体越容易平衡"的原理，能够说出"走钢丝的秘密"，培养学以致用的思维习惯	引导联系真实情境，合理设计小实验，探究重心和平衡的关系
做一做	能在"基础模型"上，模仿"走钢丝"，拼搭"天平"，提升动手操作和模仿设计的能力	观察为主，辅助拼搭，鼓励自主解决问题

续表

活 动 环 节	设 计 意 图	引 导 建 议
想一想	（1）体会零件拼搭设计，培养反思意识 （2）强化"重心"在拼搭中的作用，能举一反三，培养联想和发散思维	提问讨论，头脑风暴，引导发散拓展

三、学习评价

评价内容	评价指标	关键行为	评价等级	评价方法
明了要完成的任务	能清晰准确地表述将要完成的搭建任务		☆☆☆☆☆	问答
有自主探索的兴趣	对机械搭建表现出兴趣，自主探索 5 分钟以上		☆☆☆☆☆	观察，计时
有恰当的问题解决策略	在探索过程中，遇到困难能主动向师长或同伴求助，能准确地说出自己的问题或需求		☆☆☆☆☆	观察
	能在家长的引导下查阅相关资料		☆☆☆☆☆	观察
	能不断修正问题的解决方案，直到方案完全正确		☆☆☆☆☆	参与式观察
联系生活，拓展迁移	能够列举 2～3 个生活中与"重心与平衡"相关的具体事物或者现象		☆☆☆☆☆	问答
	能够将设计与原理联系起来，搭建一个新的"天平"		☆☆☆☆☆	参与式观察
	能简要表述新搭建的"天平"的原理，至少说出 3 条		☆☆☆☆☆	问答

小齿轮大作用

一、学习助力

1.情感态度目标：对机械搭建表现出兴趣，自主探索5分钟以上。

2.认知技能目标：认识齿轮的种类和作用，了解齿轮组合及其传动比，学会电机的安装和使用，拼搭完成电动风车。

3.思维能力目标：

• 能够列举生活中使用齿轮的具体事物，简单描述齿轮组合的作用。

• 能简要表述搭建"电动风车"的技术要领，至少说出2条。

二、学习引导

活动环节	设计意图	引导建议
试一试	动手搭建"手摇风扇"，体验2个齿轮组合在一起可以传递力，让孩子获得搭建成就感的同时，激发探索兴趣	观察孩子的搭建过程
想一想	通过多种尝试，激发孩子思考不同的齿轮组合对风扇转动速度的影响，引导孩子学习和探索	通过提问，启发孩子自主思考
联系生活，学习新知	（1）了解"齿轮"和"传动比"的概念及计算方法（2）联系"表针行走"和"汽车变挡"的生活场景，理解使用齿轮组合可以改变力的方向和速度，知道动力可以通过电机和电池仓提供	引导联系真实情境，合理设计小实验，探究齿轮组合的作用
做一做	分析"手摇风扇"的手摇缺陷，引入电机，设计可自动旋转的"电动风车"，提升动手操作和模仿设计的能力	观察为主，强调稳定平衡，鼓励自主解决问题

续表

活 动 环 节	设 计 意 图	引 导 建 议
想一想	（1）体会零件拼搭设计，总结经验技巧，培养反思意识 （2）强化"齿轮组合"在拼搭中的作用，能举一反三，培养联想和发散思维	提问讨论，头脑风暴，引导发散拓展

三、学习评价

评价内容	评价指标	关键行为	评价等级	评价方法
明了要完成的任务	能清晰准确地表述将要完成的搭建任务		☆☆☆☆☆	问答
有自主探索的兴趣	对齿轮搭建表现出兴趣，自主探索5分钟以上		☆☆☆☆☆	观察，计时
有恰当的问题解决策略	在探索过程中，遇到困难能主动向师长或同伴求助，能准确地说出自己的问题或需求		☆☆☆☆☆	观察
	能在家长的引导下查阅相关资料		☆☆☆☆☆	观察
	能不断修正问题的解决方案，直到方案完全正确		☆☆☆☆☆	参与式观察
联系生活，拓展迁移	能够列举2～3个生活中与"齿轮组合"相关的具体事物		☆☆☆☆☆	问答
	能够将问题解决与齿轮原理联系起来，搭建"电动风车"		☆☆☆☆☆	参与式观察
	能简要地表述新搭建的"齿轮组合"用到的原理，至少能说出2条		☆☆☆☆☆	问答

旋转的摩天轮

一、学习助力

1. 情感态度目标：对皮带传动装置表现出兴趣，自主探索 5 分钟以上。

2. 认知技能目标：认识带传动的功能，学会皮筋的安装技巧，类比齿轮传动，会计算带传动的传动比，拼搭完成"旋转的摩天轮"模型。

3. 思维能力目标：

- 观察生活中的带传动，体会皮带传动的结构特征（空间认知、类比分析）。
- 能够总结拼搭"旋转的摩天轮"模型的技巧，至少能说出 2 条。

二、学习引导

活 动 环 节	设 计 意 图	引 导 建 议
试一试	动手搭建"转椅模型"，体验轮子和轴套的组合功能，实现皮筋传动力的设计，激发探索兴趣	观察孩子的搭建过程，引导皮筋的放置时机
想一想	引导孩子发现皮筋连接"力度"的问题，通过改进连接位置，引发孩子的认知冲突	通过提问，启发孩子自主思考
联系生活，学习新知	（1）了解滑轮和皮筋组合，实现力的传动 （2）观察生活中的带传动，通过对比分析，总结齿轮传动的特点，学会计算传动比，知道皮筋张力的重要性	引导多次对比尝试，探究皮筋安装的松紧

续表

活 动 环 节	设 计 意 图	引 导 建 议
做一做	类比生活中"摩天轮"的旋转特点，设计并拼搭完成"旋转的摩天轮"模型	观察为主，强调比较分析，鼓励自主解决问题
想一想	（1）体会零件组合的拼搭设计，分析结构设计的优缺点，尝试改进，培养反思意识 （2）强化多种机构的应用迁移，能举一反三，培养创意和发散思维，完成创意作品的拼搭	提问讨论，头脑风暴，引导发散拓展

三、学习评价

评价内容	评价指标	关键行为	评价等级	评价方法
明了要完成的任务	能清晰准确地表述将要完成的搭建任务		☆☆☆☆☆	问答
有自主探索的兴趣	对搭建表现出兴趣，自主探索5分钟以上		☆☆☆☆☆	观察，计时
有恰当的问题解决策略	在探索过程中，遇到困难能主动向师长或同伴求助，能准确地说出自己的问题或需求		☆☆☆☆☆	观察
	能在家长的引导下，查阅相关资料		☆☆☆☆☆	观察
	能不断修正问题的解决方案，直到方案完全正确		☆☆☆☆☆	参与式观察
联系生活，拓展迁移	能够列举2～3个生活中用到的带传动物品		☆☆☆☆☆	有效提问
	能简要地表述"旋转的摩天轮"模型中用到的结构，至少能说出2～3条		☆☆☆☆☆	参与式观察
	能够围绕作品进行发散，提出更多的创意设计思路		☆☆☆☆☆	头脑风暴法

四驱月球车

一、学习助力

1. 情感态度目标：对机械搭建表现出兴趣，自主探索 5 分钟以上。

2. 认知技能目标：类比不同齿轮的外形特点，了解空间齿轮组合的功能和作用。

3. 思维能力目标：

· 能够说出生活中 2～3 个用到"空间齿轮组合"的事物。

· 搭建"月球车"，能类比说出用到的不同"齿轮组合"的作用。

二、学习引导

活动环节	设计意图	引导建议
试一试	动手搭建"基础模型"，体验"空间齿轮"现象，让孩子获得搭建成就感的同时，激发探索兴趣	观察孩子的搭建过程
想一想	通过多种尝试，激发孩子思考搭建的关键要素，引导孩子学习和尝试改进	通过提问，启发孩子自主思考
联系生活，学习新知	（1）了解"空间齿轮"的特性 （2）联系力"转弯"传递的生活现象，理解"空间齿轮组合"的工作原理，能基于原理思考适合的应用场景，培养学以致用的思维习惯	引导联系真实情境，合理设计小实验，比较不同的齿轮组合的特点
做一做	能在"基础模型"上设计拼搭"月球车"，理解设计感和适用性的关系，培养创意思维	观察为主，辅助拼搭，鼓励自主解决问题

续表

活 动 环 节	设 计 意 图	引 导 建 议
想一想	（1）体会零件拼搭设计，培养反思意识 （2）强化"空间齿轮"在拼搭中的作用，能举一反三，培养联想和发散思维	提问讨论，头脑风暴，引导发散拓展

三、学习评价

评价内容	评价指标	关键行为	评价等级	评价方法
明了要完成的任务	能清晰准确地表述将要完成的搭建任务		☆☆☆☆☆	问答
有自主探索的兴趣	对机械搭建表现出兴趣，自主探索 5 分钟以上		☆☆☆☆☆	观察，计时
有恰当的问题解决策略	在探索过程中，遇到困难能主动向师长或同伴求助，能准确地说出自己的问题或需求		☆☆☆☆☆	观察
	能在家长的引导下查阅相关资料		☆☆☆☆☆	观察
	能不断修正问题的解决方案，直到方案完全正确		☆☆☆☆☆	参与式观察
联系生活，拓展迁移	能够列举 2～3 个生活中与"空间齿轮组合"相关的具体事物或者现象		☆☆☆☆☆	问答
	能够将设计与原理联系起来，搭建一个新的"月球车"		☆☆☆☆☆	参与式观察
	能简要说出"空间齿轮组合"的创意用法		☆☆☆☆☆	问答

可升降的叉车

一、学习助力

1. 情感态度目标：对机械搭建表现出兴趣，自主探索 5 分钟以上。

2. 认知技能目标：

- 了解齿条的作用，知道齿条齿轮组合能改变运动方式。
- 学会齿条齿轮组合的使用，能够拼搭完成可升降的叉车。

3. 思维能力目标：

- 能够说出生活中使用齿条齿轮的具体事物，并能描述其作用。
- 能简要表述搭建可升降的叉车的技术要领，至少能说出 2 条。

二、学习引导

活 动 环 节	设 计 意 图	引 导 建 议
试一试	动手搭建"桥梁缆车"模型，体验缆车沿着轨道往返运动，让孩子获得搭建成就感的同时，激发探索兴趣	观察孩子的搭建过程
想一想	通过尝试，激发孩子思考限位装置在齿条齿轮机构中的作用，引导孩子学习和探索	通过提问，启发孩子自主思考
联系生活，学习新知	（1）了解齿条的功能，了解"齿条齿轮"机构的作用 （2）联系"千斤顶"和"陀螺发射器"的生活场景，理解使用齿条齿轮组合可以改变运动的方式。探究齿条齿轮相互驱动的两种形式，培养孩子的逆向思维	引导联系真实情境，合理设计小实验，探究齿条齿轮组合的作用

续表

活 动 环 节	设 计 意 图	引 导 建 议
做一做	能根据"桥梁缆车"模型中的齿条齿轮组合,设计可升降的叉车,培养动手操作和模仿设计的能力	观察为主,辅助拼搭,鼓励自主解决问题
想一想	(1)体会零件拼搭设计,总结经验技巧,培养反思意识 (2)强化齿条齿轮组合改变运动的方式,能举一反三,培养联想和发散思维	提问讨论,头脑风暴,引导发散拓展

三、学习评价

评价内容	评价指标	关键行为	评价等级	评价方法
明了要完成的任务	能清晰准确地表述将要完成的搭建任务		☆☆☆☆☆	问答
有自主探索的兴趣	对齿条齿轮组合的搭建表现出兴趣,自主探索5分钟以上		☆☆☆☆☆	观察,计时
有恰当的问题解决策略	在探索过程中,遇到困难能主动向师长或同伴求助,能准确地说出自己的问题或需求		☆☆☆☆☆	观察
	能在家长的引导下查阅相关资料		☆☆☆☆☆	观察
	能不断修正问题的解决方案,直到方案完全正确		☆☆☆☆☆	参与式观察
联系生活,拓展迁移	能够列举2～3个生活中与"齿条齿轮组合"相关的具体事物		☆☆☆☆☆	问答
	能够将问题解决与齿条齿轮原理联系起来,搭建可升降的叉车		☆☆☆☆☆	参与式观察
	能简要地表述新搭建的可升降的叉车用到的原理,至少能说出2条		☆☆☆☆☆	问答

开合桥

一、学习助力

1.情感态度目标：对机械搭建表现出兴趣，自主探索 5 分钟以上。

2.认知技能目标：类比齿轮组合，了解蜗轮蜗杆减速和自锁的特性。

3.思维能力目标：

- 能够说出 2 ～ 3 个生活中用到蜗轮蜗杆组合的事物。
- 通过拼搭"开合桥"，至少说出 2 条蜗轮蜗杆组合在作品中的创意思路。

二、学习引导

活动环节	设计意图	引导建议
试一试	动手搭建"抬升手臂"，体验抬举重物，让孩子获得搭建成就感的同时，激发探索兴趣	观察孩子的搭建过程
想一想	通过多种尝试，激发孩子思考蜗轮蜗杆产生自锁的原因，引导孩子学习和探索原理	通过提问，启发孩子自主思考
联系生活，学习新知	（1）了解蜗轮蜗杆组合的特性 （2）联系搅拌车等事物，理解"蜗轮蜗杆"的工作原理，能基于原理思考适合的应用场景，培养创意思维	引导联系真实情境，合理设计小实验，比较齿轮和蜗轮蜗杆组合的异同
做一做	能在"基础模型"上设计拼搭"开合桥"，理解机械结构在实际场景中的应用，培养孩子的知识迁移能力	观察为主，辅助拼搭，鼓励自主解决问题

续表

活 动 环 节	设 计 意 图	引 导 建 议
想一想	（1）体会零件拼搭设计，培养反思意识 （2）强化"蜗轮蜗杆"在拼搭中的作用，能举一反三，培养孩子的创新思维	提问讨论，头脑风暴，引导发散拓展

三、学习评价

评价内容	评价指标	关键行为	评价等级	评价方法
明了要完成的任务	能清晰准确地表述将要完成的搭建任务		☆☆☆☆☆	问答
有自主探索的兴趣	对机械搭建表现出兴趣，自主探索5分钟以上		☆☆☆☆☆	观察，计时
有恰当的问题解决策略	在探索过程中，遇到困难能主动向师长或同伴求助，能准确地说出自己的问题或需求		☆☆☆☆☆	观察
	能在家长的引导下查阅相关资料		☆☆☆☆☆	观察
	能不断修正问题的解决方案，直到方案完全正确		☆☆☆☆☆	参与式观察
联系生活，拓展迁移	能够列举2～3个生活中与"蜗轮蜗杆组合"相关的具体事物或者现象		☆☆☆☆☆	问答
	能够将设计与原理联系起来，搭建一个新的"开合桥"		☆☆☆☆☆	参与式观察
	能简要地说出蜗轮蜗杆组合的创意用法		☆☆☆☆☆	问答

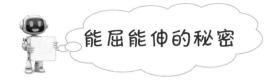

能屈能伸的秘密

一、学习助力

1. 情感态度目标：对机械搭建表现出兴趣，自主探索 5 分钟以上。

2. 认知技能目标：了解杠杆的概念，能够利用四边形的不稳定性，合理使用剪叉机构，设计电动门模型。

3. 思维能力目标：

- 能够说出 2 ～ 3 个生活中用到"剪叉机构"的事物。
- 通过拼搭"电动门模型"，至少说出 2 种剪叉机构在作品中的创新应用。

二、学习引导

活动环节	设 计 意 图	引 导 建 议
试一试	动手搭建"折叠椅模型"，让孩子获得搭建成就感的同时，激发探索兴趣	观察孩子的搭建过程
想一想	通过打开和关闭折叠椅的尝试，激发孩子观察折叠椅的特征，引导孩子学习和探索原理	通过提问，启发孩子自主思考
联系生活，学习新知	（1）了解杠杆的概念和复合杠杆的应用场景 （2）联系电动门和升降机等事物，理解"剪叉机构"的工作原理，探究电动门伸缩的优势，能基于原理思考其适合的应用场景，培养创意思维	引导联系真实情境，引导孩子探究杠杆的工作原理，理解四边形的不稳定特征
做一做	能在"折叠椅模型"的基础上，利用四边形的不稳定性，合理使用剪叉机构，设计拼搭"伸缩电动门"。理解机械结构在实际场景中的应用，尝试造型的创意设计，培养知识迁移能力	观察为主，辅助拼搭，鼓励自主解决问题

续表

活动环节	设 计 意 图	引 导 建 议
想一想	（1）体会零件拼搭设计，培养反思意识 （2）强化"剪叉机构"在拼搭中的作用，能举一反三，培养孩子的创新思维	提问讨论，头脑风暴，引导发散拓展

三、学习评价

评价内容	评价指标	关键行为	评价等级	评价方法
明了要完成的任务	能清晰准确地表述将要完成的搭建任务		☆☆☆☆☆	问答
有自主探索的兴趣	对机械搭建表现出兴趣，自主探索5分钟以上		☆☆☆☆☆	观察，计时
有恰当的问题解决策略	在探索过程中，遇到困难能主动向师长或同伴求助，能准确地说出自己的问题或需求		☆☆☆☆☆	观察
	能在家长的引导下查阅相关资料		☆☆☆☆☆	观察
	能不断修正问题的解决方案，直到方案完全正确		☆☆☆☆☆	参与式观察
联系生活，拓展迁移	能够列举2～3个与生活中的"剪叉机构"相关的具体事物或者现象		☆☆☆☆☆	问答
	能够将设计与原理联系起来,搭建一个新的"伸缩电动门"		☆☆☆☆☆	参与式观察
	能简要地说出"剪叉机构"的其他应用		☆☆☆☆☆	问答

开屏的小孔雀

一、学习助力

1. 情感态度目标：对机械搭建表现出兴趣，自主探索 5 分钟以上。

2. 认知技能目标：了解曲柄滑块机构的特性，能区分曲柄和滑块的运动方式。

3. 思维能力目标：

· 能够说出 2 ~ 3 个生活中用到曲柄滑块机构的事物。

· 通过拼搭"小孔雀"，至少说出 2 种曲柄滑块机构在作品中的创新应用。

二、学习引导

活动环节	设计意图	引导建议
试一试	动手搭建"雨伞模型"，让孩子获得搭建成就感的同时，激发探索兴趣	观察孩子的搭建过程
想一想	通过尝试雨伞开合，激发孩子观察滑块和伞面的运动方式，引导孩子学习和探索原理	通过提问，启发孩子自主思考
联系生活，学习新知	（1）了解"曲柄滑块"机构的特性 （2）联系平开窗等事物，理解"曲柄滑块"的工作原理，探究汽车内燃机的奥秘，能基于原理思考适合的应用场景，培养创意思维	引导联系真实情境，探究内燃机是如何工作的，引导孩子理解抽象的概念
做一做	能在"雨伞模型"基础上，设计拼搭"孔雀开屏"造型，理解机械结构在实际场景中的应用，尝试造型的创意设计，培养孩子的知识迁移能力	观察为主，辅助拼搭，鼓励自主解决问题

活 动 环 节	设 计 意 图	引 导 建 议
想一想	（1）体会零件拼搭设计，培养反思意识 （2）强化曲柄滑块机构在拼搭中的创意应用，能举一反三，培养创新思维	提问讨论，头脑风暴，引导发散拓展

三、学习评价

评价内容	评价指标	关键行为	评价等级	评价方法
明了要完成的任务	能清晰准确地表述将要完成的搭建任务		☆☆☆☆☆	问答
有自主探索的兴趣	对机械搭建表现出兴趣，自主探索5分钟以上		☆☆☆☆☆	观察，计时
有恰当的问题解决策略	在探索过程中，遇到困难能主动向师长或同伴求助，能准确地说出自己的问题或需求		☆☆☆☆☆	观察
	能在家长的引导下查阅相关资料		☆☆☆☆☆	观察
	能不断修正问题的解决方案，直到方案完全正确		☆☆☆☆☆	参与式观察
联系生活，拓展迁移	能够列举2～3个生活中与曲柄滑块相关的具体事物或者现象		☆☆☆☆☆	问答
	能够将设计与原理联系起来，搭建一个新的"孔雀开屏"		☆☆☆☆☆	参与式观察
	能简要说出曲柄滑块机构更多的创意用法		☆☆☆☆☆	问答

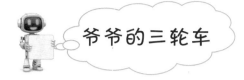

爷爷的三轮车

一、学习助力

1. 情感态度目标：对轮轴转向装置表现出兴趣，自主探索 5 分钟以上。

2. 认知技能目标：
- 了解轮和轴的功能及作用，引导孩子观察生活中的对称事物。
- 对比三轮车的 2 种前轮设计，体会车体转向的控制。
- 分解关键环节，拼搭完成可转向的三轮车和汽车模型。

3. 思维能力目标：
- 分析生活中的各种车型，能够总结车体转向的结构特征（类比分析、抽象概括）。
- 能够总结拼搭"三轮车"和"汽车模型"的技巧，至少能说出 2 条。

二、学习引导

活动环节	设计意图	引导建议
试一试	动手搭建"三轮车模型"，体验轮轴的魅力，通过调试让三轮车运动自如，激发探索兴趣	观察孩子的搭建过程，引导孩子发现车的对称美
想一想	引导孩子发现三轮车转向难的问题，通过改进可转向的三轮车，引发孩子的认知突破	引导孩子关注三轮车转向的关键设计
联系生活，学习新知	（1）了解轮和轴的功能和作用 （2）分析生活中的各种车型，通过观察分析车体转弯的结构秘密，抽象提炼车体转向的基本原理	引导联系真实情境，引导孩子通过类比发现蕴含的原理

续表

活 动 环 节	设 计 意 图	引 导 建 议
做一做	对比三轮车的转向设计，分析汽车转向的不同特征，设计并拼搭完成可转弯的汽车模型	观察为主，强调对比分析，鼓励自主解决问题
想一想	(1)体会零件拼搭设计,总结经验技巧,培养反思意识 (2) 强化多种机构的应用迁移，能举一反三，培养创意和发散思维	提问讨论，头脑风暴，引导发散拓展，创新设计

三、学习评价

评价内容	评价指标	关键行为	评价等级	评价方法
明了要完成的任务	能清晰准确地表述将要完成的搭建任务		☆☆☆☆☆	问答
有自主探索的兴趣	对轮轴搭建表现出兴趣，自主探索 5 分钟以上		☆☆☆☆☆	观察，计时
有恰当的问题解决策略	在探索过程中，遇到困难能主动向师长或同伴求助，能准确地说出自己的问题或需求		☆☆☆☆☆	观察
	能在家长的引导下查阅相关资料		☆☆☆☆☆	观察
	能不断修正问题的解决方案，直到方案完全正确		☆☆☆☆☆	参与式观察
联系生活，拓展迁移	能够列举 2 ～ 3 种生活中不同车型的构造，体会对称美		☆☆☆☆☆	问答
	能够将问题解决与机械原理联系起来，搭建可转弯的"汽车模型"		☆☆☆☆☆	参与式观察
	能简要表述新搭建的"汽车模型"中可以改进的地方		☆☆☆☆☆	改进创新，设计引导

"清森杯" 创意设计大赛

一、赛事背景

2017 年 7 月，国务院颁布的《新一代人工智能发展规划》要求"实施全民智能教育项目，在中小学阶段设置人工智能相关课程"。在国家政策的推动下，人工智能教育在中小学中逐步落地生根，人工智能教育课程的主要目标是培养学生的人工智能思维方式与应用创新实践能力，将学生培养成为能够适应、使用、创造智能技术的人才，为国家的科技跨越发展、产业优化升级与核心技术的自主创新贡献力量。

二、赛事概述

"动力机械创意设计"是小学科学工程部分的基础课程，也是学校科技社团和社会培训机构的核心课程。本赛事面向所有学习"动力机械创意设计"课程的学员，收录学员在学习过程中创作的优秀作品，集中展示并予以评比。

三、赛事宗旨

展示优秀作品，激发学习兴趣，培养设计能力，引导创意思维。

四、赛事介绍

1. 月度赛

1）参赛资格

所有购买"动力机械创意设计"课程的学员均可参赛。

2）赛事流程

参赛：举办比赛的当月25日前，学员将参赛作品发送至清大文森学堂指定邮箱。

评奖：由专家团队进行评奖，评奖结果于次月25日前在清大文森学堂公布。

2. 年度赛

1）参赛资格

所有购买"动力机械创意设计"课程的学员均可参赛。

2）赛事流程

参赛：年度赛公告发布后，学员将参赛作品发送至清大文森学堂指定邮箱，年度赛具体时间以本年度比赛公告为准。

评奖：由专家团队进行评奖，评奖结果将于比赛结束后一个月内在清大文森学堂公布。

3. 参赛作品

1）内容

展示案例：针对本书所展示的案例进行创意加工，并附上创意阐述。

全新创意作品：根据所学知识，制作全新的创意作品。

2）要求

视频：时长不短于 30 秒的作品搭建展示视频。

照片：不少于 3 张作品各角度的展示照片。

文档：对作品的简要介绍，并进行创意阐述。

注意：每个参赛作品必须包含上述内容，缺一不可，以压缩包文件形式提交。

五、奖项及奖品

1. 月度奖（10 名）

1）奖项设置

一等奖 1 名，二等奖 3 名，三等奖 6 名。

2）奖品

"动力机械创意少年"称号、勋章、聊天气泡框、头像框，在清大文森学堂展示，为期一个月。

由清华大学出版社出版的"小天才"系列少儿编程图书一本。

由清大文森学堂颁发的"月度动力机械创意少年"证书。

2. 年度奖（10名）

1）奖项设置

一等奖 1 名，二等奖 3 名，三等奖 6 名。

2）奖品

"动力机械创意少年"称号、勋章、聊天气泡框、头像框，在清大文森学堂展示，为期一年。

由清华大学出版社出版的"小天才"系列少儿编程图书一本。

清大文森学堂动力机械直播课程学员资格。

由清大文森学堂颁发的"年度动力机械创意少年"证书。

六、备注

月度奖、年度奖相关奖项设置及奖品以当期比赛公告为准。配套教具及课程，请到清大文森学堂获取。

获取配套教具

获取搭建课程